"十二五""十三五"国家重点图书出版规划项目

风力发电工程技术丛书

风力机结冰与防除冰技术

李岩　王绍龙　冯放　编著

U0238467

中国水利水电出版社
www.waterpub.com.cn
·北京·

内 容 提 要

　　本书是《风力发电工程技术丛书》之一，主要包括寒冷气候条件下风能利用、风力机叶片结冰模型分析及计算、风力机结冰与防除冰实验、结冰对风力机性能影响计算研究、风力机结冰探测与预报技术、风力机叶片防除冰技术、垂直轴风力机结冰研究等内容。

　　本书可作为风电专业本科和研究生的教学或参考用书，也可供从事风电控制技术研究的专业技术人员参考阅读。

图书在版编目（ＣＩＰ）数据

风力机结冰与防除冰技术 / 李岩，王绍龙，冯放编
著. -- 北京：中国水利水电出版社，2017.3
（风力发电工程技术丛书）
ISBN 978-7-5170-5511-2

Ⅰ. ①风… Ⅱ. ①李… ②王… ③冯… Ⅲ. ①风力发
电机－防冰系统 Ⅳ. ①TM315

中国版本图书馆CIP数据核字(2017)第126950号

书　　名	风力发电工程技术丛书 **风力机结冰与防除冰技术** FENGLIJI JIEBING YU FANGCHUBING JISHU
作　　者	李岩　王绍龙　冯放　编著
出版发行	中国水利水电出版社 （北京市海淀区玉渊潭南路 1 号 D 座　100038） 网址：www. waterpub. com. cn E - mail：sales@waterpub. com. cn 电话：(010) 68367658（营销中心）
经　　售	北京科水图书销售中心（零售） 电话：(010) 88383994、63202643、68545874 全国各地新华书店和相关出版物销售网点
排　　版	北京万水电子信息有限公司
印　　刷	北京瑞斯通印务发展有限公司
规　　格	184mm×260mm　16 开本　12.75 印张　302 千字
版　　次	2017 年 3 月第 1 版　2017 年 3 月第 1 次印刷
定　　价	**65.00 元**

凡购买我社图书，如有缺页、倒页、脱页的，本社营销中心负责调换
版权所有·侵权必究

《风力发电工程技术丛书》
编　委　会

主要参编单位 （排名不分先后）

河海大学

中国长江三峡集团公司

中国水利水电出版社

水资源高效利用与工程安全国家工程研究中心

水电水利规划设计总院

水利部水利水电规划设计总院

中国能源建设集团有限公司

上海勘测设计研究院有限公司

中国电建集团华东勘测设计研究院有限公司

中国电建集团西北勘测设计研究院有限公司

中国电建集团中南勘测设计研究院有限公司

中国电建集团北京勘测设计研究院有限公司

中国电建集团昆明勘测设计研究院有限公司

中国电建集团成都勘测设计研究院有限公司

长江勘测规划设计研究院

中水珠江规划勘测设计有限公司

内蒙古电力勘测设计院

新疆金风科技股份有限公司

华锐风电科技股份有限公司

中国水利水电第七工程局有限公司

中国能源建设集团广东省电力设计研究院有限公司

中国能源建设集团安徽省电力设计院有限公司

华北电力大学

同济大学

华南理工大学

中国三峡新能源有限公司

华东海上风电省级高新技术企业研究开发中心

浙江运达风电股份有限公司

前　言

　　随着风能研发技术创新的快速进步与大型商业化风电场建设的成功运作，风力发电已成为当今世界应用最广、效果最佳、商业化最成功的可再生清洁能源之一。可以预见，随着世界各国对能源与环境问题越来越重视，在未来一段时间内全球风力发电仍将保持高速发展态势，与之相应的风能利用技术也将被赋予新的内涵、面临新的挑战。未来风力发电机组将不断朝着大型化与大规模化发展，即单机容量的大型化和风电场的大规模化。在不断提高风力机气动性能的前提下，如何提高风力发电机组的可靠性、可维护性和抵抗各种极端气候条件的能力等方向受到了越来越多的关注。这其中，适用于寒冷气候条件的风力机研究便是近年来受到国际上普遍重视的一个重要方向。

　　根据国际能源署（IEA）的风能项目（Wind Energy Project）"任务19：寒冷气候条件下风能利用（Task 19：Wind Energy in Cold Climate）"在2016年6月的最新报告中显示，寒冷气候条件下的世界风能资源储量约为69GW。因此，可以说世界上风能利用较好的国家大部分都处于寒冷气候地区或每年要遭受一定时间的寒冷气候条件，如北美、北欧、亚洲中北部与其他部分地区等。寒冷气候带给风力机的两个主要问题就是低温和结冰，尤其是结冰。结冰会改变风力机叶片翼型，影响风力机的气动特性，降低风力机效率，影响整个风电场的输出；结冰还会改变叶片的载荷分布和结构特性，影响风力机的结构强度及疲劳寿命，使风力机产生安全隐患，严重的会发生事故。为此，世界各国都对风力机结冰与防除冰技术进行了研究，如从2002年开始，国际能源署就设立了"寒冷气候风能"这一项目，收集相关信息和最近科技成果，至今这一项目仍在继续。然而，虽然进行了多年的研究，对风力机结冰的机理、结冰气候条件等有了充分的认识，但目前仍然没有非常理想、高效、低成本的防冰与除冰技术，准确可靠的结冰探测与预报技术也仍在研发中。

目前，国内风力机结冰研究还未充分开展，相关资料亦不多。东北农业大学风能研究团队从 2008 年便开始进行风力机结冰的相关研究，编著本书的目的正是希望为我国广大从事风能研究与开发的科技工作者提供一个了解风力机结冰问题的窗口，通过收集的信息以及研究的成果为欲从事风力机结冰研发的研究者们提供一个研究基础和借鉴。同时也希望本书能起到抛砖引玉的作用，使国内风能业界更加关注风力机的结冰问题。本书的内容丰富，涉及寒冷地区风能利用现状、结冰基础理论、风力机叶片结冰模型分析及计算、结冰与防除冰试验技术、结冰对风力机性能影响研究、结冰探测与预报技术、现有风力机的防结冰和除冰技术以及垂直轴风力机的结冰研究进展等。书中的部分成果得到了国家自然科学基金（No：51576037、10702015）的资助，作者表示衷心感谢。

本书由李岩、王绍龙和冯放编著，在撰写过程中得到了国内外专家学者的大力帮助，如中国空气动力研究与发展中心的易贤研究员、杜雁霞研究员、李伟斌助理研究员，四川大学的周志宏副教授为本书提供了大量的结冰基础理论资料和风力机结冰计算程序与结果等，作者对此表示衷心的感谢。日本鸟取大学的田川公太朗准教授，内蒙古工业大学的汪建文教授，东北农业大学的李文哲、陈海涛、刘建禹和王忠江等教授都为本书提出了宝贵的意见和建议。东北农业大学风能研究团队的各位师生为本书的编写进行了大量文献收集和编辑等工作，包括张影微高级工程师、郭文峰讲师、李晶宇工程师等以及李建业、郑玉芳、赵守阳、孙策、曲春明、刘钦东、石磊、王农祥、白荣彬、张婷婷、唐静、和庆斌等研究生。团队成员的共同努力才使得本书顺利付梓出版！

然而，限于作者的水平与能力，书中难免存在不足与错误之处，恳请读者批评指正，如有建议也请不吝赐教，以期不断改进和提高！

作者

2017 年 1 月于东北农业大学

目　录

前言

第1章　寒冷气候条件下风能利用 ……………………………………………………… 1

　1.1　世界寒冷气候条件下风能资源 ……………………………………………… 1

　　1.1.1　世界风力发电发展现状 ………………………………………………… 1

　　1.1.2　世界寒冷气候条件下风能利用 ………………………………………… 2

　1.2　我国寒冷气候条件风能资源 ………………………………………………… 5

　　1.2.1　我国风力发电发展现状 ………………………………………………… 5

　　1.2.2　我国寒冷气候条件风能资源利用 ……………………………………… 7

　1.3　风力机结冰 …………………………………………………………………… 8

　　1.3.1　结冰基本概念 …………………………………………………………… 8

　　1.3.2　结冰过程 ………………………………………………………………… 11

　　1.3.3　结冰等级 ………………………………………………………………… 12

　　1.3.4　影响风力机结冰的因素 ………………………………………………… 13

第2章　风力机叶片结冰模型分析及计算 …………………………………………… 15

　2.1　风力机结冰模型 ……………………………………………………………… 15

　　2.1.1　结冰理论模型 …………………………………………………………… 15

　　2.1.2　结冰经验模型 …………………………………………………………… 16

　　2.1.3　除冰模型 ………………………………………………………………… 17

　2.2　结冰理论 ……………………………………………………………………… 17

　　2.2.1　基本概念 ………………………………………………………………… 17

　　2.2.2　空气流场计算 …………………………………………………………… 19

　　2.2.3　水滴撞击特性 …………………………………………………………… 25

　　2.2.4　积冰热力学模型 ………………………………………………………… 31

　2.3　典型风力机准三维结冰数值模拟算例 ……………………………………… 35

　　2.3.1　风力机结冰计算外形 …………………………………………………… 35

　　2.3.2　影响因素对风力机结冰分布影响 ……………………………………… 37

第3章　风力机结冰与防除冰试验 ································ 54

　3.1　风力机结冰与防除冰试验概述 ···························· 54

　3.2　冰风洞试验 ·· 55

　　3.2.1　冰风洞概述 ·· 55

　　3.2.2　冰风洞参数测量 ···································· 60

　　3.2.3　冰风洞结冰试验 ···································· 66

　　3.2.4　叶片结冰相似准则 ·································· 79

第4章　结冰对风力机性能影响计算研究 ···················· 85

　4.1　二维结冰翼型气动性能变化 ······························ 85

　　4.1.1　结冰计算方法 ······································ 85

　　4.1.2　二维翼型气动特性 ·································· 88

　　4.1.3　结冰对翼型气动特性影响 ···························· 89

　4.2　结冰风力机气动性能分析与载荷计算 ······················ 90

　　4.2.1　叶素—动量理论气动特性计算方法 ···················· 90

　　4.2.2　结冰风力机载荷计算 ································ 98

　　4.2.3　结冰对叶片结构影响 ································ 102

　　4.2.4　GH Bladed 计算软件 ································ 105

　4.3　流固耦合在结冰对风力机性能影响中的应用 ··············· 111

　　4.3.1　流固耦合理论 ····································· 112

　　4.3.2　流固耦合模拟方法 ································· 114

第5章　风力机结冰探测与预报技术 ······················· 117

　5.1　风力机结冰探测系统简介 ······························· 117

　5.2　常用结冰传感器简介 ··································· 118

　5.3　典型结冰传感器 ······································· 119

　　5.3.1　光纤法结冰传感器 ································· 120

　　5.3.2　红外摄像法结冰传感器 ····························· 121

　　5.3.3　压电谐振法结冰传感器 ····························· 122

　　5.3.4　磁致伸缩谐振法结冰传感器 ························· 125

　　5.3.5　电容及电阻式结冰传感器 ··························· 126

　5.4　结冰探测系统 ··· 127

　　5.4.1　结冰探测器设计方法 ······························ 127

　　5.4.2　结冰探测器举例 ··································· 128

　　5.4.3　探测器外形优化 ··································· 129

　　5.4.4　结冰探测器专利与产品介绍 ························· 130

第6章　风力机叶片防除冰技术 ··························· 134

　6.1　风力机叶片防除冰简介 ································· 134

　6.2　典型防除冰方法 ······································· 135

  6.2.1 被动法 ··· 135

  6.2.2 主动法 ··· 138

  6.2.3 防除冰典型方法专利介绍 ······················· 143

第7章 垂直轴风力机结冰研究······························· 152

 7.1 垂直轴风力机工作原理 ······························ 152

  7.1.1 垂直轴风力机简介 ····························· 152

  7.1.2 垂直轴风力机与水平轴风力机的性能对比 ····· 153

  7.1.3 直线翼垂直轴风力机 ·························· 155

  7.1.4 直线翼垂直轴风力机工作原理 ··············· 156

 7.2 垂直轴风力机叶片静态结冰特性 ···················· 161

  7.2.1 研究方法 ······································· 161

  7.2.2 静态叶片零度攻角长时间结冰特性研究 ······· 161

  7.2.3 静态叶片不同攻角结冰特性试验研究 ········· 165

 7.3 垂直轴风力机动态结冰特性 ························· 170

  7.3.1 冰风洞试验研究 ······························· 170

  7.3.2 结冰数值模拟计算研究 ······················· 179

参考文献 ··· 184

第1章 寒冷气候条件下风能利用

本章首先介绍寒冷气候条件下的风能利用相关基础问题，如世界与我国寒冷气候条件下的风资源分布与储量，寒冷气候条件的定义与主要问题，风力机的结冰现象，国内外开展风力机结冰与防除冰研究的现状等。在此基础上，重点介绍结冰的主要基本概念，如结冰、结冰分类、结冰过程、影响风力机结冰的主要因素等。

1.1 世界寒冷气候条件下风能资源

1.1.1 世界风力发电发展现状

随着能源危机与环境问题的日益突出，世界各国都把发展对环境负荷小的可再生能源作为其能源发展战略的重要组成部分。这其中，风能以其储量巨大、资源分布广、清洁无污染等特点受到了广泛关注，并伴随着风能研发技术创新的快速进步与大型商业化风电场建设的成功运作，风力发电已成为当今世界应用最广、效果最佳、商业化最成功的可再生清洁能源。

据世界风能协会 2016 年 2 月发布的数据显示，2015 年全球新增风电装机容量 63690MW，截至 2015 年年底世界累计风能装机容量已经达到 435GW，年增长率达到 17.20％，如图 1-1 所示。这其中，我国的贡献最大，成为世界风电发展的领导者，新增容量 33GW，占世界新增容量的 51.80％，继续保持全球领先，见表 1-1。

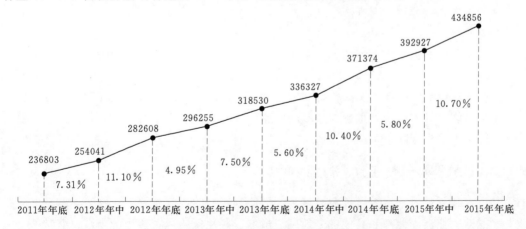

图 1-1 2011—2015 年世界累计风电装机容量（单位：MW）

可以预见，随着世界各国对能源与环境问题越来越重视，在未来一段时间内全球风力发电仍将保持高速发展态势。与之相应的风能利用技术也将被赋予新的内涵、面临新的挑

表 1-1　2015 年各国风电装机容量统计①

序号	国家	截至 2015 年年底总装机容量②/MW	2015 年新增装机容量③/MW	2015 年增长率/%	截至 2014 年年底总装机容量/MW
1	中国	148000	32970	29.0	114763
2	美国	74347	8598	13.1	65754
3	德国	45192	4919	11.7	40468
4	印度	24759	2294	10.2	22465
5	西班牙	22987	0	0.0	22987
6	英国	13614	1174	9.4	12440
7	加拿大	11205	1511	15.6	9694
8	法国	10293	997	10.7	9296
9	意大利	8958	295	3.4	8663
10	巴西	8715	2754	46.2	5962
11	瑞典	6025	615	11.1	5425
12	波兰	5100	1266	33.0	3834
13	葡萄牙	5079	126	2.5	4953
14	丹麦	5064	217	3.7	4883
15	土耳其	4718	955	25.4	3763
	其他	40800	5000	14.0	35799
	总计	434856	63691	17.2	371149

① 截至 2015 年 11 月。

② 包括已并网和未并网的所有装机容量。

③ 2015 年的净增装机容量。

战。未来风力发电机组将不断朝着大型化与大规模化发展，即单机容量的大型化和风电场的大规模化，如图 1-2 所示。同时，海上风力发电成为了新的更大的增长点。在不断提高风力机气动性能的前提下，如何提高风力发电机组的可靠性、可维护性和抵抗各种极端气候条件的能力等方向受到了越来越多的关注。这其中，适用于寒冷气候条件的风力机研究便是近年来受到国际上普遍重视的一个重要方向。

1.1.2　世界寒冷气候条件下风能利用

从世界范围来看，世界风资源储量多、风能利用好的国家主要集中在北半球，尤其是北美、北欧、亚洲中北部和其他部分地区。虽然这些地区的风资源十分丰富，非常适合发展风力发电，但其地理位置决定了这些地区都要不同程度地面临一个共同的气候问题就是低温和结冰。

世界风力发电大规模快速发展和应用普及主要源于 20 世纪 90 年代，欧洲和北美是当

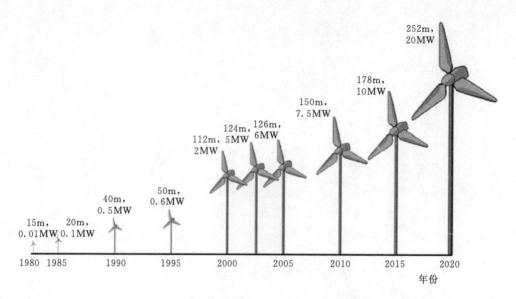

图 1-2 风力发电机组大型化发展趋势

时风能利用最发达的地区。当时的风力发电技术的核心问题是追求风力机的效率最大化，即主要关注如何提高风力机的空气动力特性，优化风力机的最佳输出功率。然而，随着大型风力机的导入越来越多，风电场建设的规模越来越大，有关风力机和风电场安全运行的问题随之而来。这也就是我国当前开始逐渐要面临的"风电后市场问题"，其早在 2000 年左右便开始在欧美率先出现。而这其中，对于安装在寒冷地区的风力机及风电场的低温与结冰问题显得尤为突出。为此，2002 年，国际能源署（IEA）在其风能委员会的风能项目中新增加了一个任务专题，编号为 19（Task 19），即"寒冷气候条件下风能利用（Wind Energy in Cold Climate）"。该委员会集合了欧美及亚洲的多个国家的专家学者，共同致力于寒冷气候条件下风能利用所面临的诸多问题研究与信息收集。我国也是该项目的参与国，由中国风能学会组织参与活动。根据其 2016 年 6 月的最新报告显示，世界上风能利用较好的国家大部分都处于寒冷气候地区或每年要遭受一定时间的寒冷气候条件，如北美、北欧、斯堪的纳维亚半岛、亚洲部分地区等。寒冷气候条件下的世界风能资源储量约为 69GW。这一研究结果表明，全世界将近 20% 的风能资源处于寒冷气候条件下，将要面临低温和结冰的考验。图 1-3 所示为该委员会发布的 2012 年世界主要寒冷气候条件风资源统计及截至 2017 年时的风资源情况预测。

该委员会对风力机运行的寒冷气候（Cold Climate，CC）专门给出了自己的定义。寒冷气候地区，是指经常遭受大气结冰或者风力机长期运行在 IEC 61400 标准第三版所要求的温度以下的地区。寒冷气候条件对风能利用的实现、运行及经济效益产生重要影响。正常风力机的设计与生产是要满足一定的标准的，如欧洲的 IEC 61400 等。这些标准对风力机正常的工作环境如温度、湿度、风速等进行了要求，也对其可能遇到的极端气候条件下的可靠性做了一定的规定。然而，当风力机工作在超出正常低温工作要求一段时间后或者工作在可出现大气结冰的条件时，就定义该风力机是工作在寒冷气候了。如图 1-4 所示，

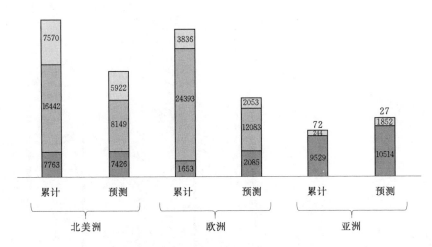

图 1-3　国际能源署对 2012 年世界主要寒冷气候条件风资源统计
及 2017 年情况预测（单位：MW）

寒冷气候包括结冰气候（Icing Climate，IC）和低温气候（Low Temperature Climate，LTC）两种情况。

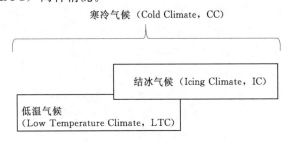

图 1-4　寒冷气候、结冰气候与低温气候的定义

结冰气候指一年中出现仪器结冰时间达到 1%，或气象结冰的时间达到 0.5% 时为结冰气候。低温气候指一年中气温低于 −20℃ 时间超过 9 天，或年平均气温低于 0℃ 时为低温气候。

在某些地区，风力机可能只遭受寒冷气候中的一种情况，如单纯的结冰气候或者单纯的低温气候，而有些地区可能两者都会出现。因此，某处风电场可能既处于低温气候条件又处于结冰气候条件。而总体上，都可简单地定义为处于寒冷气候条件下。

（1）对于低温气候，目前风力机的结构及性能可以较好地满足要求。低温主要影响风力机的材料、润滑油以及电子元器件的可靠性、控制系统抗低温性能等。

（2）对于结冰气候，风场环境更加复杂，对叶片的损害更加严重。风力机叶片结冰会改变翼型形状，影响风力机的气动特性，降低风力机效率，影响整个风电场的输出；风力机叶片结冰还会改变叶片的载荷分布和结构特性，影响风力机的结构强度及疲劳寿命，使风力机产生安全隐患，严重时会发生事故。为此，世界各国都对风力机结冰与防除冰技术进行了大量研究。然而，虽然进行了十多年的研究，对风力机结冰的机理、结冰气候条件等有了充分的认识，但目前仍然没有非常理想、高效、低成本的防冰与除冰技术，准确可靠的结冰探测与预报技术也仍在研发中，因此这一项目至今仍在进行之中，世界各国的研究者仍在不懈地努力和探索。图 1-5 和图 1-6 所示为世界各地风力机结冰的一些实例。

图 1-5 水平轴风力机叶片结冰举例

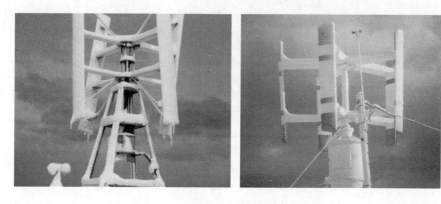

图 1-6 垂直轴风力机叶片结冰举例

1.2 我国寒冷气候条件风能资源

1.2.1 我国风力发电发展现状

我国虽然风力发电的起步时间较欧美晚许多，但发展势头迅猛，从 2000 年开始较大规模导入风力发电以来，仅仅用了 15 年左右的时间，便已经成为了世界风能利用的领导者，可以说，中国风力发电的一举一动都牵动着世界风能发展的神经。

根据中国风能学会 2016 年最新统计数据显示，2015 年全国风电产业继续保持强劲增长势头，全年风电新增装机容量 3300 万 kW，新增装机容量再创历史新高，累计并网装机容量达到 1.48 亿 kW，占全部发电装机容量的 8.6%。2015 年，风电发电量 1863 亿 kW·h，占全部发电量的 3.3%。2015 年，新增风电核准容量 4300 万 kW。表 1-2 所示为 2015 年全国各地风电产业发展统计。

表 1-2　2015 年全国各地风电产业发展统计

省（自治区、直辖市）	累计核准容量/万 kW	累计在建容量/万 kW	新增并网容量/万 kW	累计并网容量/万 kW	发电量/（亿 kW·h）
北京	25	10	0	15	3
天津	82	53	0	29	6
河北	1572	549	109	1022	168
山西	1192	522	214	669	100
山东	1311	590	99	721	121
内蒙古	3152	727	407	2425	408
辽宁	825	186	30	639	112
吉林	693	249	36	444	60
黑龙江	716	213	49	503	72
上海	81	20	24	61	10
江苏	901	489	110	412	64
浙江	245	141	31	104	16
安徽	328	193	53	136	21
福建	401	228	13	172	44
江西	313	246	31	67	11
河南	473	382	47	91	12
湖北	407	273	58	135	21
湖南	550	394	86	156	22
重庆	105	82	13	23	3
四川	394	321	45	73	10
陕西	535	366	39	169	28
甘肃	1386	134	245	1252	127
青海	155	109	15	47	7

续表

省（自治区、直辖市）	累计核准容量/万 kW	累计在建容量/万 kW	新增并网容量/万 kW	累计并网容量/万 kW	发电量/（亿 kW·h）
宁夏	1096	274	404	822	88
新疆	1883	272	842	1611	148
新疆建设兵团	272	192	45	80	4
西藏	5	4	0	1	0
广东	547	300	42	246	41
广西	365	322	30	43	6
海南	39	8	0	31	6
贵州	653	331	90	323	33
云南	939	527	90	412	94
合计	21641	8707	3297	12934	1866

注：1. 累计并网容量、发电量来源于中国电力企业联合会及相关电网企业。

2. 累计核准容量、累计在建容量来源于水电水利规划设计总院。

1.2.2 我国寒冷气候条件风能资源利用

我国风能资源非常适合开展风能利用。据由中国气象局风能太阳能资源中心和中国气象服务协会能源气象委员会联合发布的《中国风能太阳能资源年景公报（2015 年）》的数据显示，2015 年全国陆面 70m 高度年平均风速约为 5.6m/s，年平均风功率密度约为227.3W/m²。而这些地区的共同特点是冬季时间长、气温低，有的地区冬季甚至长达半年以上，因此这些地区的风力机要长时间遭受低温的影响。在这些地区进行风电场设计时必须考虑低温气候条件的影响。三北地区由于冬季气候干燥，冬季气温低于—20℃，不太容易发生风力机结冰，只是在秋冬和冬春交替季节时，易发生结冰现象。

当前，随着低风速型风力机技术的不断进步，我国一些风资源不是十分丰富的地区也开始加大风力发电的导入力度，如西南、华中等地区。虽然这些地区通常不属于寒冷气候地区，但是我国大范围地区出现极寒气温的范围还是很广。尤其是一些极寒温度在 0～20℃ 的地区，正属于容易发生大气结冰的温度范围，而这些地区如长江以南地区、云贵川等山区都是常年湿度较高的地区，因而风力机极易发生结冰现象。我国容易发生雾凇和雨凇的地区主要在长江流域，以及云贵川地区极易发生雨凇现象，而一旦出现在冬季，则结冰现象就会极易发生。图 1-7 所示为国内某风电场风力机冬季结冰的情况，可以看出整个风力机叶片及机舱上均有不同程度的结冰，而从落下来的冰块看，结冰体积大，密度实，结冰不易融化，且一旦发生甩冰现象，十分危险。因此，我国风力机的结冰问题十分突出，需要大力开展结冰探测与预报、防冰与除冰技术的研究。

图 1-7 国内某风电场风力机冬季结冰情况

1.3 风 力 机 结 冰

结冰是一种物理现象，有一套完整的、专门的理论和研究体系。风力机的结冰属于结构的大气结冰类型（Atmospheric Icing of Structures），国际标准 ISO 12494：2001 对这类结冰的定义、范围、分类、原理、特征和影响等进行了详细的阐述和说明。同时，在此基础上，国际能源署的寒冷气候风能利用项目组的多个研究报告又专门针对风力机结冰进一步给予了细化和补充说明，更加详细和专业地对风力机结冰的各个方面进行了深入介绍。

1.3.1 结冰基本概念

一般情况下，大气结冰（Atmospheric Icing）是指在一定的大气条件下，空气中的水滴冻结或黏附在暴露于大气中的物体而结冰的过程，包括来自于漂浮或降落的水滴、降雨、细雨和湿雪等各种形式。通常，根据大气结冰的形成过程可以将其分为云冰、沉降冰、积霜等。还可以根据结成的冰的性质将其分为霜冰、明冰、湿雪混合冰等。结冰分类如图 1-8 所示。对于风力机而言，云冰和沉降冰都会对其

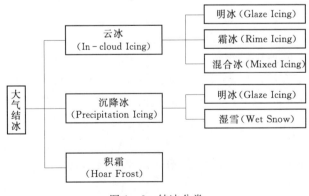

图 1-8 结冰分类

造成严重影响，所有的结冰类型也都可能出现在风力机上。

1. 结冰过程分类

（1）云冰（In-cloud Icing）。云冰是指由漂浮在云层或云雾中的过冷水滴而凝结成的冰。细小的过冷水滴漂浮云层中，当达到一定温度条件便会凝结在物体上，结成霜、霜冰、明冰等。在这种结冰过程常见于飞机结冰和风力机结冰等，危害较大。

（2）沉降冰（Precipitation Icing）。沉降冰是指由在低温条件下的冻雨或湿雪等产生的结冰。如果在低温条件下有降雨，即使是毛毛细雨，只要落在表面温度低于0℃的物体上也会凝结成冰。对于湿雪的情况，如果物体表面温度足够低，湿雪将逐渐累积在物体表面而不融化，或者累积的速率大于融化的速率，就会形成明冰或者湿雪类型的冰。这种情况对风力机也是常见的。

（3）积霜（Hoar Frost）。积霜是指水蒸气直接相变为冰的过程，通常发生在低温条件。严格地说，积霜并不是一种真正意义上的冰，其密度和强度都要较冰低许多，厚度也小，因此，物体表面积霜通常不会对其强度和载荷造成严重的影响。

2. 结冰性质分类

（1）霜冰（Rime Icing）。霜冰是指白色不透明的冰，其内部存在一定量的被封住的空气。其结冰过程如图1-9所示。过冷液态水滴在云或者雾中随风运动，当其撞击到物体表面时就会立即冻结，形成霜冰。在结冰的过程中，冰没有发生融化，因此不会形成透明状的冰，而是形成白色、不透明的冰。液滴的大小不同，形成的霜冰特征也不同，还可以将霜冰细分为轻度霜冰和重度霜冰两种。由较小水滴形成的霜冰为轻度霜冰，如果水滴较大则形成重度霜冰。霜冰在物体上形状往往是不对称的，主要在迎风面上凝结和生长。其结冰温度条件较宽，可低至-20℃。

（2）明冰（也称为瘤冰，Glaze Icing）。明冰主要是由冻雨等沉降水滴或者云雾中的大水滴遇到寒冷物体表面凝结而成。其结冰机理如图1-10所示。其形成有一定的温度范围，通常在0~6℃之间，由于在结冰过程中伴随一定的融化过程，因此在已经凝结的冰层和正在撞击过来的水滴之间形成一个很薄的水膜。因此，明冰是一种透明、光滑和均匀的冰层，具

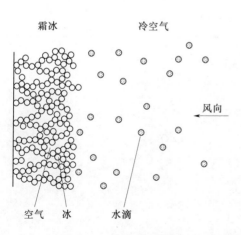

图1-9 霜冰形成机理

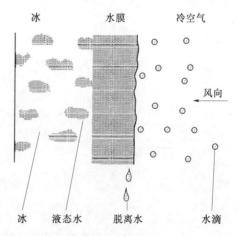

图1-10 明冰形成机理

有很高的密度和很强的黏附结构。由于在明冰结成冰生长的过程可能伴随着一定的流动性，加之因此风和重力的共同作用，可能会绕物体流动生长，在物体的背风面出现结冰。

（3）湿雪（Wet Snow）。湿雪是指具有较高液态水滴含量且部分已经融化的雪会具有很高的黏附性，使其能够黏在物体表面凝结成冰。湿雪发生的温度条件一般为 0～3℃。湿雪发生后，如果继续降温，湿雪便会冻结，随着降温程度不同，形成的湿雪的密度、强度等特性的变化范围也较宽。

（4）混合冰（Mixed Icing）。混合冰是指两种或两种以上的结冰类型共存的状态，如在一定温度条件下会出现明冰与霜冰共存的状态，或者在沉降冰发生时，明冰有时也可以和湿雪同时存在。混合冰形成后，随着温度的变化，混合状态有可能被打破或融化或继续冻结。因而混合冰的密度、强度等差别很大。

图 1-11 给出了风力机叶片表面的积霜、湿雪和混合冰的实际照片。

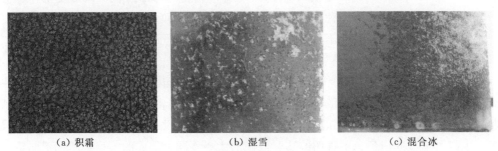

| （a）积霜 | （b）湿雪 | （c）混合冰 |

图 1-11　积霜、湿雪和混合冰图片

各种结冰的主要物理特性对比见表 1-3。明冰、重度霜冰、轻度霜冰与风速和温度之间的关系如图 1-12 所示。

表 1-3　各种结冰的主要物理特性

结冰类型	密度/(kg·m⁻³)	黏附性	颜色	形状
明冰	900	强	透明	均匀分布/冰柱状的
湿雪	300～600	弱（正在形成时）；强（冻结后）	白色	均匀分布/偏心的
重度霜冰	600～900	强	非透明	偏心的、朝向迎风面
轻度霜冰	200～600	低～中等	白色	偏心的、朝向迎风面

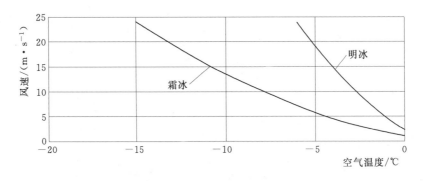

图 1-12　明冰、霜冰与风速和温度的关系

3. 结冰生长过程（Icing Accretion）

结冰生长过程是指冰在物体表面累积、生长、稳定成形的过程。结冰生长过程决定了最终的结冰类型和形态。影响生长过程的因素有很多，包括了环境的因素和被结冰物体的自身参数等。环境参数主要包括：温度、湿度、风速、空气密度、过冷水滴含量、液态水滴平均粒径等；物体自身参数包括：尺度、形状、材料、迎风面积、运动状态等。对于风力机而言，这些都是要考虑的问题。

4. 结冰作用（Icing Action）

结冰作用是指结冰对物体或某种结构的作用和影响。这种影响包括两个方面：一个是冰重载荷影响；另一个是风载荷影响。由于结冰导致被结冰物体的重力载荷分布发生改变，从而造成物体的各种力学特性改变，影响载荷分布。另外，由于结冰改变了物体外形，使得风作用在物体上的载荷也会发生变化。这种影响对于飞机机翼和风力机叶片尤为显著，直接影响飞机的安全飞行和风力机的气动特性。

1.3.2 结冰过程

结冰从发生到融化有个随着时间变化的过程。根据国际能源署的报告，可以将涉及风力机的结冰过程（Phases of An Icing Event）分为 3 个阶段，即气象结冰、仪器结冰和风轮结冰。另外，从结冰的生命周期来看又可以分为 4 个阶段，即培育阶段、生长阶段、持续阶段和消融阶段。风力机结冰的整体情况如图 1-13 所示。

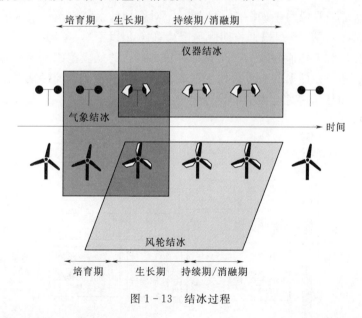

图 1-13　结冰过程

1. 气象结冰（Meteorological Icing）

气象结冰阶段是指在这一时期内各种气象条件达到了结冰的要求，如温度、风速、液态水滴含量、液态水滴分布等。

2. 仪器结冰（Instrumental Icing）

仪器结冰阶段是指在这一时期内在物体上出现了结冰或者可以观测到结冰存在。由于在气象学上也指在气象观测仪器上出现了或观测到了结冰，所以被称作仪器结冰。

3．风轮结冰（Rotor Icing）

风轮结冰阶段是指在这一时期内结冰出现在风力机风轮叶片上。由于风轮尺寸、形状、流速和湍流等条件的不同，风轮结冰通常不能等同与仪器结冰。风轮结冰的培育期和消融期通常要小于仪器结冰。而整个风轮结冰过程对于静止风轮和旋转风轮有很大区别。

4．结冰培育期（Icing Incubation）

结冰培育期是指从满足气象结冰时间节点开始到仪器结冰或者风轮结冰这段时间。它取决于物体的表面条件和温度。

5．结冰生长期（Icing Accretion）

结冰生长期是指结冰从发生到成形的生长过程。通常是指有效结冰的形成。

6．结冰持续期（Icing Persistence）

结冰持续期是指结冰保持稳定状态时期，在这一期间结冰不生长也不融化。

7．结冰消融期（Icing Ablation）

结冰消融期是指通过融化结冰被除去的过程。消融可通过融化、升华、腐蚀、脱落等实现。

1.3.3　结冰等级

国际能源署分别对满足低温气候和结冰气候地区温度条件作了明确规定，并将其与风力机的设计进行了关联说明，如图 1 - 14 所示。对符合低温气候条件地区的要求是：长期或年均平均气温在 0℃ 以下；根据长期观测记录（10 年以上），年均有 9 天（按小时折算）气温低于 -20℃。对于普通的风力机来说，其正常运行的低温范围是 -10℃，安全极限低温为 -20℃。而对于在低温气候条件地区的风力机，其正常运行的最低温度为 -30℃，安全极限温度为 -40℃。这对风力机的设计提出了很高的要求。

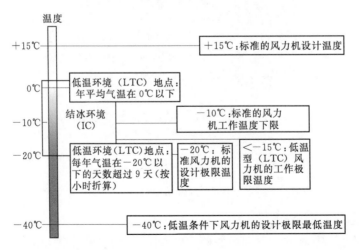

图 1 - 14　低温气候与结冰气候与温度和风力机设计的关系

而对于满足结冰气候条件的地区是包括在低温气候条件地区中的，因此除了防止低温，还要考虑结冰。国际能源署对结冰地区、气候、条件地区进行了等级划分，见表 1 -

4。其中，结冰等级共有五级，1～5级逐级严重，达到5级以上后便不再分级。

表 1-4　IEA 规定的结冰等级

结冰等级	气象结冰/(%·年$^{-1}$)	仪器结冰/(%·年$^{-1}$)	发电量损失/(%·年均发电量占比$^{-1}$)
5	>10	>20	>20
4	5～10	10～30	10～25
3	3～5	6～15	3～12
2	0.5～3	1～9	0.5～5
1	0～0.5	<1.5	0～0.5

1.3.4　影响风力机结冰的因素

影响风力机结冰强度和发生概率取决于许多因素，下面对主要的影响因素进行讨论。

1. 环境温度

低温是风力机结冰的先决条件，只有环境温度低于0℃才会出现叶片覆冰现象。环境温度决定了云层中的液态水含量，还影响着结冰过程中释放出的潜热的散失。通常来说，风力机出现结冰现象的环境温度范围为−40～0℃，其中在−10～−2℃的温度范围内出现结冰频率最高，温度低于−10℃时，空气中的水蒸气将会凝结成冰晶降落到地面，反而降低了风力机叶片的结冰量。影响环境温度的因素主要有地域原因、地形分布及早晚温差，其中早晚温差对风力结冰影响较大，夜晚低温造成风力机结冰，早晨太阳升起照射叶片使风力机叶片表面结冰融化，这容易导致观测错觉，某些结冰风场不发生结冰现象或结冰时间较短。

2. 液态水含量（Liquid Water Content，LWC）

液态水含量是指单位体积的空气中所含有的液态水的质量，在结冰研究过程中，其单位为g/m³。LWC是影响结冰形状和结冰类型的重要的云雾参数，在给定温度和水滴粒径的情况下，液态水含量增大直接导致风力机结冰量增加，结冰的冰型也会由霜冰转化为明冰，同时会出现溢流冰现象。

空气中液态水含量首先取决于地域特性，对于南方高山或沿海地区，潮湿的气候条件导致了空气中的液态水含量较高；其次是取决于环境温度，温度很低时，空气中的过冷水滴凝结成了冰晶降落到地面，这直接导致了空气中液态水含量降低，这也是三北地区的风场中降雪消融结冰严重与云雾结冰的原因。

3. 平均水滴粒子直径（Medium Volume Droplet Diameter，MVD）

空气中分布的水滴直径尺寸不是单一的，而是有一定分布，在结冰研究中MVD定义为将总粒子分布分为两半的临界尺寸，即认为直径大于MVD的大水滴的总体积与直径小于MVD的小水滴的总体积相等。

空气中的水滴直径通常为2～50μm，在高空中存在更大直径的水滴粒子，称为大水滴，但是在低空中直径超过100μm的水滴一般都会以降雨的形式下落到地面。水滴粒子直径直接关系到撞击到叶片表面的范围、撞击量及结冰冰形的影响。MVD较大的水滴惯性较大，更容易和风力机叶片相撞，单位时间内形成的冰层更厚，结冰强度更大。而对于

MVD 较小的水滴则会绕过风力机叶片表面，造成结冰量小，对风力机结冰影响较小。

4. 结冰时间

结冰时间是风力机处于结冰环境的时间，风力机结冰过程是空气中过冷水滴不断撞击到风力机叶片上并凝结成冰的过程，可以发现，结冰时间越长，风力机上的结冰量越大。但是，当风力机叶片上结冰超过一定界限时，积冰量过大导致覆冰在重力及旋转力作用下从叶片表面上脱落下来。可以发现风力机叶片上的结冰量并不是随着时间无限增长。

5. 来流速度

水滴的速度随来流速度的增大而增大，这就导致过冷水水滴更加不易随空气的流动而偏转，导致水滴的撞击表面区域扩大，结冰范围增加。同时来流速度增大还会使单位时间内碰到的机体上的过冷水滴增多，结冰速率增加。同时，风速增大会带走更多的结冰释放的潜热，使结冰更为迅速。

6. 回转半径与旋转速度

对于现行的风力机，通常要求在额定转速下运转，这就导致随着回转半径的不同，叶片在该位置的翼型的回转线速度不同，其中：回转半径越大，回转线速度相应的也就越大；回转半径越小，相应的回转线速度也就越小。

对于回转半径较大的叶片翼型，由于其回转速度大，单位时间划过的距离长，碰撞的过冷水滴增多，结冰速率增大，相应的结冰量更大，同时结冰释放潜热散失更多，结冰速率更快。风力机叶片工作的主要区域集中在叶片端部部分，当实际运行过程中叶片端部部位已经达到结冰极限时，风力机就无法正常工作，而叶片根部结冰量较少，因而现阶段风力机的除防冰装置主要集中在叶片端部部分。

对于变速型风力机，随着旋转速度的增加，叶片端部结冰趋势将更加明显，结冰速度与结冰总量将相应的增加。

7. 叶片翼型

对于风力机翼型，前缘半径的增加会导致过冷水滴的撞击量降低。这是由于前缘半径增加，空气流线的弯曲程度相对变缓，水滴更容易随空气流动，前缘撞击量降低，水收集率减少，相反，前缘半径越小，收集率越高。其次，叶片翼型的气动光滑性也是影响结冰速率的主要原因之一，如果翼型表面不够光滑，水滴更易附着在其表面，相反，如果表面足够光滑，其水滴在凝结之前就会被风吹走，从而降低结冰速率与结冰量。

第 2 章 风力机叶片结冰模型分析及计算

结冰是一个物理过程。航空领域已对结冰问题进行了多年研究，形成许多结冰模型，为研究风力机结冰特性提供了帮助。本章主要介绍风力机叶片结冰过程中涉及的各种结冰模型，包括理论模型和经验模型。同时，以典型的大型风力机叶片结冰为例，利用结冰基础理论与数值计算方法进行了风力机叶片准三维结冰模拟计算，并对结冰特征进行分析。

2.1 风力机结冰模型

2.1.1 结冰理论模型

通常情况下，所有的结冰模型都是模拟在结冰条件下某个结冰对象在流体与结构之间的相互作用关系。目前，绝大多数的风力机结冰的结冰模型均由航空领域结冰模型衍化而来，这些模型通常是用来模拟飞机机翼结冰，通过对现有模型代码修改使其适用于风力机叶片结冰。因此，可见现阶段还没有专门应用于风力机叶片结冰的相关模型代码。

风力机叶片结冰模型主要用于确定叶片上冰的大小及形状，从而进一步确定翼型气动上阻力的增加及升力的减少，同时分析冰增长的重量及能量转换情况，为载荷变化情况及防除冰设计方案提供技术依据。

叶片积冰模型是评价在冰冻过程中，过冷水滴撞击到叶片上的冻结过程，所用的积冰理论通常是基于国际标准化组织标准 ISO 12494 或进行简单修正后的模型。现阶段的结冰模型通常分为三个主要步骤，首先计算出结冰对象周围的流场情况，其次计算出水滴的运动轨迹，最后考虑结冰的边界层特性，通过热力学模型确定结冰量及结冰几何形状。

多数的结冰模型适用于二维或准三维环境，但完全的 3D 模型结冰也有出现。二维结冰计算是指只有一个翼型进行数值模拟，准三维模型是指使用二维的解决方案来解决单个翼型结冰情况，然后结合形成一个完整的叶片结冰，对典型的风力机准三维结冰情况进行模拟仿真。准三维模型没有考虑到三维流动的影响，但其能够降低计算工作量，在一定程度上反映三维风力机结冰情况。三维模型能够完全模拟整个叶片，同时考虑到了三维流动情况。通常情况下，二维模型或准三维模型的求解器是基于势流方程，而三维模型是基于 N-S 方程或欧拉方程进行结冰量与结冰几何形状的求解。

通过结冰模型进行结冰数值计算，能够有效地降低结冰风洞试验或现场试验的测试成本。但是，现阶段所用到的结冰模型都是在现有物理模型中进行适当的修改，很难确定何种模型为最优。图 2-1 是不同计算软件给出不同结冰模型与试验结冰形态的对比情况，其中 x 轴是水平方向距离变化，y 轴是竖直方向距离变化。表 2-1 给出了常见风力机叶片结冰计算软件对比情况。

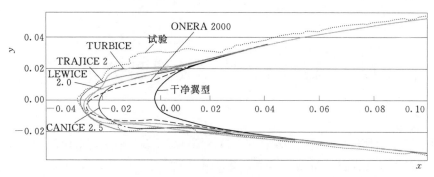

图 2-1　不同计算软件给出不同结冰模型与试验结冰形态的对比情况

表 2-1　常 用 结 冰 计 算 软 件

模型	主 要 特 点
TURBICE	①准 3D 模型；②采用势流面元计算方法；③用于计算防冰与除冰所需热量；④主要应用于风力发电领域；⑤限于内部使用
LEWICE	①2D 模型；②采用势流面元计算方法；③用于计算防冰与除冰所需热量；④主要应用于航空领域；⑤商用型软件
CANICE 2.5	①2D 模型和 3D 模型；②采用势流面元计算方法；③用于计算防冰与除冰所需热量；④研究版的 CANICE 2D-NS 可以和 CFD 流场求解器进行数据交换；⑤主要应用于航空领域；⑥只有针对研究以及 Bombardier Aerospace 的版本
TRAJICE 2	①2D 模型；②采用势流面元计算方法；③主要应用于航空领域；④国防研究机构专用
Multi-Ice	①2D 模型；②采用势流面元计算方法；③能够和其他的流场求解器进行数据交换；④主要应用于航空领域；⑤限于内部使用
LEWICE 3D	①能够和其他的 CFD 流场求解器进行数据交换；②用于计算防冰与除冰所需热量；③主要应用于航空领域；④商用型软件
CERTIF-ICE	①3D 模型；②用于计算防冰与除冰所需热量；③主要应用于航空和风力发电领域；④商用型软件
ANSYS FENSAP-ICE	①3D 模型；②能够和其他的 CFD 流场求解器进行交互；③用于计算防冰与除冰所需热量；④主要应用于航空和风力发电领域；⑤商用型软件
ONERA-2000/ONICE /ONERA 3D/ONICE3D	①2D 模型和 3D 模型；②主要应用于航空和风力发电领域；③只应用于法国航空航天试验室

2.1.2　结冰经验模型

　　与数值计算模型相对，研究者们提出了许多结冰经验模型，用来模拟不同大气条件下的结冰。这类模型使用经验公式来解决流场问题，而不是通过计算复杂的流体力学模型。虽然经验模型相较于数值计算模型的准确性要差，但是其能在较短时间内获得结冰结果，更适用于实际研究。最常见的结冰模型是在 ISO 12494 中引用的 Makkonen 模型，该模型是基于准三维的、较灵活的框架模型。在该模型中：收集率是反映结构对水、冰或雪颗粒的收集影响程度的比例系数；黏附率是指黏结到结构的颗粒量，但不包括反弹的量；结冰率是指在现有大气条件下有多少水将被冻结的比率。通过这些设定好的通用框架，根据不同的环境，从而定义出不同的模型比率。由于该模型比较灵活，可应用到多种结冰问题中。为了简化经验模型，通常将这些模型与不同的气象条件相对应进而对结冰情况进行预测。表 2-2 给出了不同的经验结冰模型及其主要技术指标。

表 2-2 主要经验结冰模型

模型	主要特点
Makkonen Model	①模拟冰生长的一般框架；②旋转圆柱结冰计算；③包括作为国际标准化组织附录；④作为其他大多数结冰经验模型的基础
KjellerIce Model	①建立在 Makkonen 模型的基础上；②调整云量在数值地形高度上的误差
Ice Blade	①建立在 Makkonen 模型的基础上；②包含风力机叶片的圆周速度；③基于翼型的传热系数；④圆柱尺寸在结冰期间不变
OMNICYL	①与 Makkonen 模型相似；②尺度密度项；③主要为静止圆柱结冰计算开发；④可预测结冰形状
WICE	①建立在 Makkonen 模型的基础上；②包含叶片的圆周速度；③在整个风轮范围内使用云水分布数据
Environment Canada Model	①对不同情况（冻雨、湿雪、云内）设有不同结冰模型；②对冻雨结冰采用双重计数

2.1.3 除冰模型

除冰模型主要用于模拟自然冰消融过程。常见的自然冰消融过程包括：升华、融化、风蚀等。其中最常见的是结冰的融化脱落模型，在 0℃ 以下主要是由升华和风蚀使结冰融化，而在结冰熔点温度附近则主要为融化除冰。除冰模型能够模拟积冰的时间，评估结冰对风力机性能的影响，确定防除冰方案，提高风电场效率。

融化和升华都是基于积冰表面的能量升华。当有能量进入积冰表面时，无论是由于温度差异导致的传热还是太阳辐射，都会导致结冰发生相变而被清除。在多数模型中，当叶片上的冰迅速融化时，由于旋转力作用冰会从风力机上脱落下来。表 2-3 给出了现有的除冰模型。

表 2-3 现有主要除冰模型

模型	主要特点
Ice Blade	①包含升华，风蚀；②在 0℃结冰临界点时无融化；③适用风动能产生侵蚀
Environment Canda Model	①包括净辐射产生的融化；②包含于积冰模型中，既有抑制结冰，又包含产生除冰
Kjeller	①包含升华，融化以及风蚀；②风蚀是升华速率的倍数因子
Weather Tech	①包含升华，融化以及脱落；②融化和脱落是在临界温度的基础上；③利用简易的除冰系统进行验证
VTT	①只包含升华；②利用了稳态热平衡方程

2.2 结 冰 理 论

2.2.1 基本概念

风力机在结冰气象条件下工作时，悬浮在空气中的过冷水滴会随着来流飘过风力机，由于其质量和惯性比空气质点大，过冷水滴将会形成自己的绕流轨迹。对于不同直径的过冷水滴由于其受力不同，在气流中的运动轨迹也不相同。小直径水滴由于惯性较小，不易偏离流线，不会撞击到叶片表面，而较大直径的水滴由于惯性较大，容易偏离流线，容易撞击到机翼上。图 2-2 给出了不同直径的水滴以相同速度，从同一点出发流过叶片翼型的情况。

每一个水滴都对应着一个运动轨迹，当水滴相对叶片翼型相对运动时就形成了翼型簇，而在这个翼型簇中存在着与风力机叶片翼型上下表面相切的两条轨迹。在这两条相切的轨迹之间的所有水滴将会全部撞击在叶片翼型的表面上，而两条轨迹之外的水滴，将全部绕过叶片翼型而不发生相撞。通常定义两条相切轨迹所包围的叶片翼型称为水滴撞击区；定义两条相切轨迹之内撞击在叶片翼型上的水滴数量为水滴对叶片翼型表面的撞击量。

水滴对表面的撞击区、撞击量及水滴在撞击区内的分布，统称为水滴对表面的撞击特性，图 2-3 为水滴撞击特性，并引出相关参数。

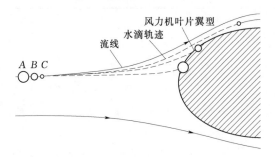

图 2-2　不同大小的水滴流过风机叶片翼型情况　　　图 2-3　叶片翼型撞击特性

1. 水滴撞击极限 （Impingement Limit）

水滴撞击极限是指风力机叶片在旋转过程中，水滴所能撞击到叶片翼型表面上、下两条相切轨迹包围的表面的长度 S 与叶片翼型弦长 c 的比值，用 S_m 表示，表达式为

$$S_m = \frac{S}{c} \tag{2-1}$$

轨迹与表面相切点的位置称为极限位置（图 2-3），通长用 S_u 与 S_d 分别表示上下极限的位置。对于其他形状的物体，c 表示形体的特征尺寸，例如圆柱体的特征尺寸为直径。

2. 总收集系数 （Total Collection Coefficient）

总收集系数是指单位翼展长度的翼型表面上实际水滴撞击量 W_m 和翼型可能的最大收集量 W_{max} 之比，用 E_m 表示，表达式为

$$E_m = \frac{W_m}{W_{max}} = \frac{\Delta y}{H} \tag{2-2}$$

3. 局部水收集系数

撞击在翼型表面上的水沿翼型表面的分布是不均匀的，为了得到撞击水量沿表面的分布，必须进行局部水收集率的计算，引入局部水收集系数（Local Collection Coefficient），

用 β 表示。β 的意义与 E_m 相似，但 β 是指微元表面的实际水收集量 W_β 与该微元表面上最大可能的水收集量 $W_{\beta\max}$ 之比，β 可以写成

$$\beta=\frac{W_\beta}{W_{\beta\max}}=\frac{\mathrm{d}y}{\mathrm{d}s} \tag{2-3}$$

4. 总撞击水量（Total Impinging Mass Flux）

总撞击水量是指所有撞击在物面上的水滴总质量，总撞击水量表示为

$$W_m=E_m \cdot LWC \cdot H \cdot v_\infty \cdot \mathrm{d}t \tag{2-4}$$

式中　LWC——液态水含量；

v_∞——无限远处流场速度；

$\mathrm{d}t$——单位时间。

5. 局部撞击水量（Local Impinging Mass Flus）

局部撞击水量是指撞击在物面上某局部区域水滴质量，可以表达为

$$W_\beta=\beta \cdot LWC \cdot \mathrm{d}s \cdot v_\infty \cdot \mathrm{d}t \tag{2-5}$$

可以发现，如果 LWC、v_∞、$\mathrm{d}s$ 已经给定，只要计算 β 值就可以计算 W_β。而求解 β 的方法是通过计算水滴轨迹，从而找出与微元表面相交的水滴轨迹的起始位置。水滴轨迹的计算就是求解水滴轨迹的运动方程。

2.2.2　空气流场计算

过冷水滴在流场中的运动及与物面的碰撞主要受空气绕流流场分布的影响，获得叶片翼型周围流场分布是进行风力机叶片结冰计算的前提。现阶段，求解空气流场有两种主流方法，一种为面元法（Panel Method），主要用于求解势流模型；另一种为空间网格法，用于求解 Euler 或 Navier – Stokes 方程。

在航空领域进行飞机结冰计算中多采用无黏模型求解空气流场，并通过边界层修正来考虑黏性影响。但是对于旋转的风力机叶片，由于其攻角较大，无黏模型不是很适合。随着计算流体力学的进步，求解雷诺平均方程 Navier – Stokes 方程变得可能，当前的结冰与防除冰软件中均是通过求解 Navier – Stokes 方程来获得空气的速度场、压力场进而得出温度场。现行的商用 CFD 软件主要有 FLUENT、CFX、PHOENICS 等。流体流动的动力学控制方程，说明其在风力机结冰过程中 CFD 技术所占有的重要作用。空气流场计算 CFD 计算方法通常要经过三个步骤，即控制方程建立、控制方程离散及离散方程组求解。

1. 控制方程

控制方程为低速黏流的时均 N – S 方程，其在直角坐标系下的通用形式为

$$\frac{\partial \rho\phi}{\partial t}+\nabla(\rho\vec{v}\phi-\Gamma_\phi\mathrm{grad}\phi)=q_\phi \tag{2-6}$$

计算中为不可压缩流方程，其连续方程（质量守恒方程）为

$$\frac{\partial \rho}{\partial t}+\nabla(\rho\vec{v})=0 \tag{2-7}$$

x、y、z 方向的动量方程组为

$$\left.\begin{array}{l}\dfrac{\partial \rho u}{\partial t}+\nabla(\rho \vec{v}u-\mu_{\text{eff}}\,\text{grad}u)=-\dfrac{\partial P}{\partial x}+\nabla\left(\mu_{\text{eff}}\dfrac{\partial \vec{v}}{\partial x}\right)+\rho f_{\text{x}}\\[3mm] \dfrac{\partial \rho v}{\partial t}+\nabla(\rho \vec{v}v-\mu_{\text{eff}}\,\text{grad}v)=-\dfrac{\partial P}{\partial y}+\nabla\left(\mu_{\text{eff}}\dfrac{\partial \vec{v}}{\partial y}\right)+\rho f_{\text{y}}\\[3mm] \dfrac{\partial \rho w}{\partial t}+\nabla(\rho \vec{v}w-\mu_{\text{eff}}\,\text{grad}w)=-\dfrac{\partial P}{\partial z}+\nabla\left(\mu_{\text{eff}}\dfrac{\partial \vec{v}}{\partial z}\right)+\rho f_{\text{z}}\end{array}\right\} \tag{2-8}$$

采用标准 $k\text{-}\varepsilon$ 湍流模型，湍动能方程为

$$\dfrac{\partial \rho k}{\partial t}+\nabla\left[\rho \vec{v}k-(\mu_{\text{l}}+\mu_{\text{t}}/\sigma_{\text{k}})\,\text{grad}k\right]=G_{\text{k}}-\rho\varepsilon+G_{\text{b}} \tag{2-9}$$

湍动能耗散率方程为

$$\dfrac{\partial \rho\varepsilon}{\partial t}+\nabla\left[\rho \vec{v}\varepsilon-(\mu_{\text{l}}+\mu_{\text{t}}/\sigma_{\varepsilon})\,\text{grad}\varepsilon\right]=\dfrac{\varepsilon}{k}(C_1 G_{\text{k}}-C_2\rho\varepsilon) \tag{2-10}$$

其中

$$\mu_{\text{eff}}=\mu_{\text{l}}+\mu_{\text{t}}=\mu_{\text{l}}+\rho C_\mu k^2/\varepsilon \tag{2-11}$$

$$G_{\text{k}}=\mu_{\text{t}}\left(\dfrac{\partial u_{\text{i}}}{\partial x_{\text{j}}}+\dfrac{\partial u_{\text{j}}}{\partial x_{\text{i}}}\right)\dfrac{\partial u_{\text{i}}}{\partial x_{\text{i}}} \tag{2-12}$$

湍流黏度方程为

$$\mu_{\text{t}}=C_\mu\rho k^3/\varepsilon \tag{2-13}$$

其中模型参数为

$$C_1=1.44,C_2=1.92,C_\mu=0.09,\sigma_{\text{k}}=1.0,\sigma_\varepsilon=1.22 \tag{2-14}$$

2. 控制方程离散

采用有限体积法对式（2-6）进行离散，在任意控制体的体积积分，其通用积分形式为

$$\dfrac{1}{\Delta t}\int_t^{t+\Delta t}\int_V\left[\dfrac{\partial \rho\phi}{\partial t}+\text{div}(\rho \vec{v}\phi-\Gamma_\phi\,\text{grad}\phi)\right]\text{d}Vf\,\text{d}t=\dfrac{1}{\Delta t}\int_t^{t+\Delta t}\int_V q_\phi\text{d}V\text{d}t \tag{2-15}$$

式（2-15）由四部分组成：非稳态项、对流项、扩散项和源项。在直角坐标系中选取典型网格单元如图 2-4 所示，控制体以 P 为控制中心，相对于 P 点定义控制体的角点 est、emt 等，界面中心点 e、s 等，w、e 相邻控制体节点。其中未知变量存储在节点上，(ξ,η,ζ) 构成局部曲线坐标系。

函数 f 在控制体中心节点值代表平均值

$$\int_V f\text{d}V=\overline{f}\Delta V\approx(f)_\text{p}\Delta V \tag{2-16}$$

由高斯定理，对函数的散度取体积分转换为面积分为

$$I=\int_V\text{div}\,\vec{f}\text{d}V=\oint\vec{f}\text{d}\vec{S} \tag{2-17}$$

式中　$\text{d}\vec{S}$——垂直于表面并且指向向外的微元面矢量。

对界面通量，当通量指向向外时取正值，单元面上通量记为

$$I_{nb}=\int_{S_{nb}}\vec{f}\text{d}\vec{S} \tag{2-18}$$

利用中点律则有

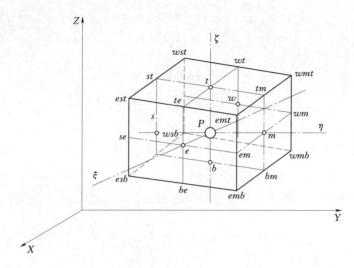

图 2-4 控制单元示意图

$$I = \sum_{nb} I_{nb} \approx \sum_{nb} (\vec{f}_{nb}\,\vec{S}_{nb}) \tag{2-19}$$

式中 nb——有限控制体界面，$nb=e$，w，m，s，t，b，其几何位置位于界面中点。通
过同一界面的通量大小相等，方向相反。

非稳态项离散为

$$\frac{1}{\Delta t}\int_{t}^{t+\Delta t}\int_{V}\frac{\partial \rho\phi}{\partial t}\mathrm{d}V\mathrm{d}t \approx \frac{1}{2\Delta t}\int_{V}[3(\rho\phi)^{n+1}-4(\rho\phi)^{n}+(\rho\phi)^{n-1}]\mathrm{d}V$$

$$\approx [3(\rho\phi)_{P}^{n+1}-4(\rho\phi)_{P}^{n}+(\rho\phi)_{P}^{n-1}]V/(2\Delta t) \tag{2-20}$$

式中 $(n+1)$、n、$(n-1)$ —— $(t+\Delta t)$、t、$(t-\Delta t)$ 时刻的值；

  V——任意控制体的体积。

对于 $(n+1)$ 时刻对流项离散为

$$I^{C} = \int_{V}\mathrm{div}(\rho\,\vec{v}\phi)\mathrm{d}V = \oint_{S}\rho\,\vec{v}\phi\mathrm{d}\,\vec{S} \approx \sum_{nb}(\rho\,\vec{v}\phi\,\vec{S})_{nb} \approx \sum_{nb}F_{nb}\phi_{nb} \tag{2-21}$$

其中

$$F_{nb} = \rho_{nb}\,\vec{v}_{nb}\,\vec{S}_{nb} \tag{2-22}$$

对于连续方程，满足

$$F_{e}+F_{w}+F_{n}+F_{s}+F_{t}+F_{b}=0 \tag{2-23}$$

对于动量方程和湍流模型方程，ϕ_{nb} 的确定需要根据物理特性来选用某类插值方法表
示成节点值。

对于 $(n+1)$ 时刻扩散项离散为

$$I^{D} = \int_{V}\mathrm{div}(-\Gamma_{\phi}\mathrm{grad}\phi)\mathrm{d}V = \oint_{V}-\Gamma_{\phi}\mathrm{grad}\phi\mathrm{d}\,\vec{S} \approx -\sum(\Gamma_{\phi}\,\nabla\phi\vec{S})_{nb} \tag{2-24}$$

式 (2-24) 中 $\nabla\phi$ 的处理采用局部坐标变换的方法，在直角坐标系下

$$\nabla\phi = \frac{\partial\phi}{\partial x_{j}}\vec{l}_{j} \tag{2-25}$$

根据链导关系，式 (2-25) 可变换为

$$\frac{\partial \phi}{\partial x_j} = \frac{\partial \phi}{\partial \xi_i}\frac{\partial \xi_i}{\partial x_j} \tag{2-26}$$

式中　ξ_i——局部曲线坐标，$i=1$，2，3，$j=1$，2，3。

问题转化为离散 $\partial \xi_i / \partial x_j$，局部坐标的转换离散为

$$\frac{\partial \xi_i}{\partial x_j} = \frac{\int_V \nabla(\xi_i \vec{l}_j)\mathrm{d}V}{V_{nb}} \approx \frac{\sum_{n'b}(\xi_i \vec{l}_j \vec{S})_{n'b}}{V_{nb}} = \frac{\sum_{n'b}(\xi_i s^j)_{n'b}}{V_{nb}} \approx \frac{\delta\xi_i \vec{l}_j \vec{S}_{n'b}^{\xi_i}}{V_{nb}} \tag{2-27}$$

式中　$n'b$——nb 为节点的控制体界面；

　　　$\vec{S}_{n'b}^{\xi_i}$——$n'b$ 处指向 ξ_i 方向的面积矢量。

通用方程的源项对不同的方程都有不同的表达式，对表达式采用线性化方程进行处理，即令

$$S_\phi = S_\phi^1 + S_\phi^2 \phi \tag{2-28}$$

对动量方程，源项为

$$S_u = \int_V q_u \mathrm{d}V = -\int_V \frac{\partial p}{\partial x}\mathrm{d}V + \oint_V \left(\mu_{\text{eff}}\frac{\partial \vec{v}}{\partial x}\right)\mathrm{d}\vec{S} \tag{2-29}$$

式（2-29）右端第二项是动量方程黏性项的另一部分，是雷诺平均方程比不可压 N-S 方程多出的一项，记为 S_u^D。在低速情况下，μ_{eff} 梯度较小，该项不为零但比扩散项小得多，一般显示处理，对结果和收敛性影响较小。压力项记为 S_u^P，则有

$$S_u^P = \int_{\delta V} \frac{\partial p}{\partial x_i}\mathrm{d}V \tag{2-30}$$

$$S_u^D = \sum_{nb}\left[\mu_{\text{eff}}\left(\frac{\partial \overline{v}}{\partial x}\right)\vec{S}\right]_{nb} \tag{2-31}$$

对压力导数项利用局部坐标进行离散处理得

$$\int_{\delta V} \frac{\partial p}{\partial x_i}\mathrm{d}V = \left(\frac{\partial p}{\partial x_i}\delta V\right)_p = \left[(P_e - P_w)\vec{S}_P^\xi + (P_n - P_s)\vec{S}_P^\eta + (P_t - P_b)\vec{S}_P^\zeta\right]\vec{l}_i \tag{2-32}$$

对湍流动能方程，其源项为

$$S_k = \int_V (G - \rho\varepsilon)\mathrm{d}V = (S_k^1 + S_k^2 k) \tag{2-33}$$

其中

$$S_k^1 = (GV)_p; S_k^2 = \left(-\frac{\rho\varepsilon V}{k}\right)_p \tag{2-34}$$

对湍流耗散率方程，其源项为

$$S_\varepsilon = \int_V (C_1 G - C_2 \rho\varepsilon)\frac{\varepsilon}{k}\mathrm{d}V = (S_\varepsilon^1 + S_\varepsilon^2 \varepsilon) \tag{2-35}$$

其中

$$S_\varepsilon^1 = \left(C_1 G \frac{\varepsilon}{k}V\right)_p; S_\varepsilon^2 = \left(-\frac{\rho\varepsilon V}{k}\right)_p \tag{2-36}$$

$$G = \mu_t \frac{\partial u_i}{\partial x_j}\left(\frac{\partial u_i}{\partial x_j} + \frac{\partial u_j}{\partial x_i}\right) \tag{2-37}$$

G 在直角坐标下展开为

$$G=2\left[\left(\frac{\partial u}{\partial x}\right)^2+\left(\frac{\partial v}{\partial y}\right)^2+\left(\frac{\partial w}{\partial z}\right)^2\right]+\left(\frac{\partial u}{\partial y}+\frac{\partial v}{\partial x}\right)^2+\left(\frac{\partial u}{\partial z}+\frac{\partial w}{\partial x}\right)^2+\left(\frac{\partial v}{\partial z}+\frac{\partial w}{\partial y}\right)^2 \quad (2-38)$$

式（2-38）中各导数将进一步离散处理。

3. 方程组求解

通过以上分析得到待求变量的代数方程组，可写为通式

$$A\Phi=S \quad (2-39)$$

式中 S——已知的 M 维向量；

　　Φ——待求解的 M 维向量。

三维情况下，其矩阵系数分布为

$$\begin{bmatrix} & & & & & & \\ a_B & a_W & a_S & a_P & a_N & a_E & a_T \\ & & & & & & \end{bmatrix}\begin{bmatrix} \phi_B \\ \phi_W \\ \phi_S \\ \phi_P \\ \phi_N \\ \phi_E \\ \phi_T \end{bmatrix}=\begin{bmatrix} \\ \\ \\ S_P \\ \\ \\ \end{bmatrix} \quad (2-40)$$

对任意控制容积，其对应线性方程为

$$a_B\phi_B+a_W\phi_W+a_S\phi_S+a_P\phi_P+a_N\phi_N+a_E\phi_E+a_T\phi_T=S_P \quad (2-41)$$

强隐式方式（SIMPLE）适用于结构化网格中所形成的代数方程组求解，具有收敛性好，对网格数目不敏感的特点，采用该方法利用系数矩阵的系数性和对角线结构的特点，寻求 A 的一个近似矩阵 C，即

$$C=LU \quad (2-42)$$

矩阵方程为

$$LU\phi=S \quad (2-43)$$

矩阵 C 的系数能够用矩阵 L 和 U 的系数来表示为

$$\left.\begin{aligned}
&C_P^{ijk}=b_P^{ijk}+b_E^{(i-1)jk}b_W^{ijk}+b_N^{i(j-1)k}b_S^{ijk}+b_P^{ij(k-1)}b_B^{ijk}\\
&C_B^{ijk}=b_B^{ijk},C_S^{ijk}=b_S^{ijk},C_W^{ijk}=b_W^{ijk}\\
&C_T^{ijk}=b_T^{ijk}b_P^{ijk},C_N^{ijk}=b_N^{ijk}b_P^{ijk},C_E^{ijk}=b_E^{ijk}b_P^{ijk}\\
&C_{EB}^{ijk}=b_E^{ij(k-1)}b_B^{ijk},C_{ES}^{ijk}=b_E^{ij(k-1)}b_S^{ijk},C_{NB}^{ijk}=b_N^{ij(k-1)}b_B^{ijk}\\
&C_{NW}^{ijk}=b_N^{(i-1)jk}b_W^{ijk},C_{TS}^{ijk}=b_{TS}^{ij-1)k}b_S^{ijk},C_{TW}^{ijk}=b_T^{(i-1)jk}b_W^{ijk}
\end{aligned}\right\} \quad (2-44)$$

选择矩阵 C 的系数，即矩阵 L、U 的系数。式（2-43）对应的线性方程为

$$c_P\phi_P+c_E\phi_E+c_W\phi_W+c_N\phi_N+c_S\phi_S+c_T\phi_T+c_B\phi_B+c_{NW}\phi_{NW}+c_{SE}\phi_{SE}+c_{EB}\phi_{EB}+$$
$$c_{NB}\phi_{NB}+c_{TS}\phi_{TS}+c_{TW}\phi_{TW}=S$$

$$(2-45)$$

式（2-45）与式（2-41）比较增加了 $c_{NW}\phi_{NW}$、$c_{SE}\phi_{SE}$、$c_{EB}\phi_{EB}$、$c_{NB}\phi_{NB}$、$c_{TS}\phi_{TS}$、$c_{TW}\phi_{TW}$，采用显式差分格式得

$$\left.\begin{aligned}
\phi_{NW} &= \phi_N + \phi_W - \phi_P + o(\Delta x^2, \Delta y^2) \\
\phi_{SE} &= \phi_S + \phi_E - \phi_P + o(\Delta x^2, \Delta y^2) \\
\phi_{EB} &= \phi_E + \phi_B - \phi_P + o(\Delta x^2, \Delta y^2) \\
\phi_{NB} &= \phi_N + \phi_B - \phi_P + o(\Delta x^2, \Delta y^2) \\
\phi_{TS} &= \phi_T + \phi_S - \phi_P + o(\Delta x^2, \Delta y^2) \\
\phi_{TW} &= \phi_T + \phi_W - \phi_P + o(\Delta x^2, \Delta y^2)
\end{aligned}\right\} \tag{2-46}$$

引进参数因子 α，$(0 \leqslant \alpha \leqslant 1)$，式（2-41）近似写为

$$\alpha_B\phi_B + \alpha_W\phi_W + \alpha_S\phi_S + \alpha_P\phi_P + \alpha_N\phi_N + \alpha_E\phi_E + \alpha_T\phi_T + \{C_{EB}[\phi_{EB} - \alpha(\phi_E + \phi_B - \phi_P)] +$$
$$C_{ES}[\phi_{ES} - \alpha(\phi_S + \phi_E - \phi_P)] + C_{NB}[\phi_{NB} - \alpha(\phi_N + \phi_B - \phi_P)] + C_{NW}[\phi_{NW} - \alpha(\phi_N + \phi_W - \phi_P)] +$$
$$C_{TS}[\phi_{TS} - \alpha(\phi_T + \phi_S - \phi_P)] + C_{TW}[\phi_{TW} - \alpha(\phi_T + \phi_W - \phi_P)]\} = S_\phi$$

$$\tag{2-47}$$

利用式（2-44）可推出

$$\left.\begin{aligned}
b_B^{ijk} &= \alpha_B^{ijk} / [1 + \alpha(b_E + b_N)^{ij(k-1)}] \\
b_W^{ijk} &= \alpha_W^{ijk} / [1 + \alpha(b_N + b_T)^{(i-1)jk}] \\
b_S^{ijk} &= \alpha_S^{ijk} / [1 + \alpha(b_E + b_T)^{i(j-1)k}] \\
b_S^{ijk} &= \alpha_P^{ijk} + \alpha[b_B^{ijk}(b_E + b_N)^{ij(k-1)} + b_S^{ijk}(b_E + b_T)^{i(j-1)k} + b_W^{ijk}(b_N + b_T)^{(i-1)jk}] \\
&\quad - (b_B^{ijk}b_T^{ij(k-1)} + b_W^{ijk}b_N^{(i-1)jk} + b_S^{ijk}b_N^{i(j-1)k}) \\
b_N^{ijk} &= [\alpha_N^{ijk} - \alpha(b_B^{ijk}b_N^{ij(k-1)} + b_W^{ijk}b_N^{(i-1)jk})]/b_P^{ijk} \\
b_E^{ijk} &= [\alpha_E^{ijk} - \alpha(b_S^{ijk}b_E^{i(j-1)k} + b_B^{ijk}b_E^{ij(k-1)})]/b_P^{ijk} \\
b_T^{ijk} &= [\alpha_T^{ijk} - \alpha(b_W^{ijk}b_T^{(i-1)jk} + b_S^{ijk}b_T^{i(j-1)k})]/b_P^{ijk}
\end{aligned}\right\} \tag{2-48}$$

设计通过式（2-43）和式（2-39）迭代求解方法，得

$$LU\phi^m = LU\phi^{m-1} - (A\phi^{m-1} - S) \tag{2-49}$$

定义迭代 m 次后

$$\delta = \phi^m - \phi^{m-1} \tag{2-50}$$

$$R = S - A\phi^{m-1} \tag{2-51}$$

令

$$Q = U\delta \tag{2-52}$$

即

$$Q = L^{-1}R \tag{2-53}$$

$$\delta = U^{-1}Q \tag{2-54}$$

展开有

$$Q_{ijk} = (R_{ijk} - b_E^{ijk}Q_{ij(k-1)} - b_S^{ijk}Q_{i(j-1)k} - b_W^{ijk}Q_{(i-1)jk})/b_P^{ijk}$$
$$(i = 2, 3, \cdots, NI-1; j = 2, 3, \cdots, NJ-1; k = 2, 3, \cdots, NK-1)$$

$$\tag{2-55}$$

$$\delta_{ijk} = Q_{ijk} - b_E^{ijk}Q_{(i+1)jk} - b_N^{ijk}\delta_{i(j+1)k} - b_T^{ijk}\delta_{ij(k+1)}$$
$$\left\{\begin{aligned}
&i = NI-1, NI-2, \cdots, 4, 3, 2 \\
&j = NJ-1, NJ-2, \cdots, 4, 3, 2 \\
&k = NK-1, NK-2, \cdots, 4, 3, 2
\end{aligned}\right.$$

$$\tag{2-56}$$

求解过程为选取参数因子 α，由式（2-48）求得系数 b_{ijk}，由式（2-51）求得残值 R_{ijk}，由式（2-55）计算 Q_{ijk}，由式（2-56）求得增量 δ_{ijk}，由式（2-50）计算 ϕ_{ijk}。

2.2.3 水滴撞击特性

水滴运动轨迹及水滴撞击特性计算有拉格朗日（Lagrange）法和欧拉（Euler）法两种方法。

（1）拉格朗日法是最终水滴的运动轨迹，在空气流场的基础上以水滴为中心，根据牛顿第二定律建立水滴运动方程，求解水滴的受力方程，得出水滴的运动轨迹，进而判断是否击中风力机叶片表面及击中的位置，进而获得撞击极限、总收集系数、局部收集系数等参数。

（2）欧拉法是依据场论思想把水滴看成连续相，在引入水滴容积分数的概念后，通过求解水滴相的连续方程和动量方程来得到空间网格各节点的水滴容积分数和水滴速度分布，从而直接得到物体表面的水滴撞击区域及撞击量。

可以发现，拉格朗日法在二维或几何形状简单的表面计算时比较简便，但对于复杂的三维外形而言，由于粒子释放位置较难确定，处理起来相对复杂。对于复杂外形计算，欧拉法要更加适用，因为其不必跟踪水滴轨迹，不必确定复杂的三维结构体的撞击极限，同时获得每个网格单元的水滴撞击量，可极大地提高工作效率。

2.2.3.1 水滴轨迹运动方程

1. 基本假设及受力分析

在建立运动方程之前通常假设：①过冷水滴是均匀分布在来流中，其体积保持不变，假设其以球形存在，运动过程中假设其直径为 d_{eq}；②水滴的温度、黏性、密度等介质参数在整个过程中保持不变，同时过冷水滴不发生热交换；③水滴初始速度与来流速度相等，水滴体积很小以至于不影响绕流的流场品质；④悬浮在空气中的水滴，只考虑作用水滴上的黏性阻力、重力和空气浮力。

2. 基本假设及受力分析

当悬浮水滴随流体运动时物体表面上的黏性阻力可以表示为

$$\vec{D}=\frac{1}{2}C_{D}A_{d}\rho_{a}\,|\,\vec{u}_{a}-\vec{u}_{d}\,|\,(\vec{u}_{a}-\vec{u}_{d})\qquad(2-57)$$

引入相对雷诺数

$$Re=\rho_{a}\,|\,\vec{u}_{a}-\vec{u}_{d}\,|\,d_{eq}/\mu\qquad(2-58)$$

则阻力系数 C_{D} 是相对雷诺数的函数。

3. 拉格朗日法建立水滴运动方程

用拉格朗日法建立水滴运动方程进行求解，根据前面的假设和分析，由牛顿第二定律，水滴轨迹运动方程可以写为

$$M_{d}\,\frac{d^2\,\vec{x}_{d}}{dt^2}=(\rho_{d}-\rho_{a})V_{d}\,\vec{g}+\frac{1}{2}C_{D}A_{d}\rho_{a}\,|\,\vec{u}_{a}-\vec{u}_{d}\,|\,(\vec{u}_{a}-\vec{u}_{d})\qquad(2-59)$$

式中　　ρ_{a}——空气密度；

　　　　$\vec{g}$——重力加速度；

A_d——水滴的迎风面积；

V_d——水滴体积；

C_D——阻力系数；

$\vec{u}_a$——当地气流速度；

$\vec{u}_d$——水滴速度。

式（2-59）可以写为

$$\frac{\mathrm{d}^2\vec{x}_d}{\mathrm{d}t^2}+\frac{C_D Re}{24}\frac{18\mu_a}{d_{eq}^2\rho_d}\frac{\mathrm{d}\vec{x}_d}{\mathrm{d}t}=\frac{\rho_d-\rho_a}{\rho_d}\vec{g}+\frac{C_D Re}{24}\frac{18\mu_a}{d_{eq}^2\rho_d}\vec{u}_a \tag{2-60}$$

式（2-60）为一二阶常微分方程，可以将其转化为

$$\left.\begin{array}{l}\dfrac{\mathrm{d}\vec{x}}{\mathrm{d}t}=\vec{u}_d\\[3mm]\dfrac{\mathrm{d}\vec{u}_d}{\mathrm{d}t}+\dfrac{C_D Re}{24}\dfrac{18\mu_a}{d_{eq}^2\rho_d}\vec{u}_d=\dfrac{\rho_d-\rho_a}{\rho_d}\vec{g}+\dfrac{C_D Re}{24}\dfrac{18\mu_a}{d_{eq}^2\rho_d}\vec{u}_a\end{array}\right\} \tag{2-61}$$

4. 欧拉法建立水滴运动方程

将含有水滴的空气流动看作气液两相流动，用欧拉法建立气液两相流动控制方程，然后用有限体积法求解控制方程，从而得到水滴运动轨迹和部件表面的水滴撞击特性。

引入水滴体积因子 $\alpha(\vec{x},t)$ 的概念，建立水滴连续方程

$$\frac{\partial\alpha}{\partial t}+\nabla(\alpha\vec{u}_d)=0 \tag{2-62}$$

$$\frac{\partial\vec{u}_d}{\partial t}+\vec{u}_d\ \nabla\vec{u}_d=\frac{C_D Re}{24K}(\vec{u}_a-\vec{u}_d)+\left(1-\frac{\rho_a}{\rho_d}\right)\frac{1}{Fr^2}\vec{g} \tag{2-63}$$

$$K=\frac{\rho_d d_{eq}^2 U_\infty}{18\mu_a L} \tag{2-64}$$

$$Fr=\frac{U_\infty}{\sqrt{Lg_0}} \tag{2-65}$$

式中　K——惯性因子；

Fr——弗劳德数。

2.2.3.2　水滴轨迹运动方程求解方法

1. 近似求解法

从 x、y 两个方向来考虑水滴运动方程，在 y 方向重力加速度为零，式（2-60）可写成

$$\left.\begin{array}{l}\dfrac{\mathrm{d}^2 x}{\mathrm{d}t^2}+AB\dfrac{\mathrm{d}x}{\mathrm{d}t}=ABu_x\\[3mm]\dfrac{\mathrm{d}^2 y}{\mathrm{d}t^2}+AB\dfrac{\mathrm{d}y}{\mathrm{d}t}=Cg+ABu_y\end{array}\right\} \tag{2-66}$$

$$\left.\begin{array}{l}A=\dfrac{18\mu_a}{d_{eq}^2\rho_d}\\[3mm]B=\dfrac{C_D Re}{24}\\[3mm]C=\dfrac{\rho_d-\rho_a}{\rho_d}\end{array}\right\} \tag{2-67}$$

假定可以在每个时刻把 B 近似看成常数，这样，式（2-61）就可以看成是常系数的二阶线性常微分方程。根据常微分理论，对于常系数的二阶齐次线性常微分方程

$$\frac{\mathrm{d}^2 y}{\mathrm{d}x^2} + p\frac{\mathrm{d}y}{\mathrm{d}x} + qy = 0 \qquad (2-68)$$

其特征方程为

$$r^2 + pr + q = 0 \qquad (2-69)$$

特征方程的两个根 r_1、r_2 可以表示为

$$r_{1,2} = \frac{-p \pm \sqrt{p^2 - 4q}}{2} \qquad (2-70)$$

当 r_1、r_2 是两个不相等的实数时，微分方程有通解

$$Y = C_1 \mathrm{e}^{r_1 x} + C_2 \mathrm{e}^{r_2 x} \qquad (2-71)$$

式中 C_1、C_2——待定常数。

当特征方程的根为相等实数，即 $r_1 = r_2 = r$ 时，通解形式为

$$y = C_1 \mathrm{e}^{r_1 x} + C_2 x \mathrm{e}^{r_2 x} \qquad (2-72)$$

当特征方程根为一对共轭复数，即 $r_1 = \alpha + i\beta$，$r_2 = \alpha - i\beta$ 时，通解形式为

$$y = \mathrm{e}^{\alpha x}(C_1 \cos\beta x + C_2 \sin\beta x) \qquad (2-73)$$

非齐次方程的通解为其所对应的其次方程的通解加上该方程的特解，那么，非齐次方程的通解为

$$y = y^* + y^{**} \qquad (2-74)$$

式（2-66）对应齐次方程的特征方程为

$$r^2 + ABr = 0 \qquad (2-75)$$

特征方程的两个根为

$$r_1 = -AB, r_2 = 0 \qquad (2-76)$$

因此对应齐次方程的通解为

$$\left. \begin{array}{l} x^* = C_{11}\mathrm{e}^{-ABt} + C_{12} \\[2mm] y^* = C_{21}\mathrm{e}^{-ABt} + C_{22} \end{array} \right\} \qquad (2-77)$$

很明显，式（2-66）的特解为

$$\left. \begin{array}{l} x^{**} = v_x t \\[2mm] y^{**} = \left(v_y + \dfrac{C}{AB}g\right)t \end{array} \right\} \qquad (2-78)$$

考虑到方程的初始条件

$$\left. \begin{array}{l} x(0) = x_0, \dfrac{\mathrm{d}x}{\mathrm{d}t}\bigg|_{t=0} = u_0 \\[3mm] y(0) = y_0, \dfrac{\mathrm{d}y}{\mathrm{d}t}\bigg|_{t=0} = v_0 \end{array} \right\} \qquad (2-79)$$

则可以得到方程的精确解为

$$x = \left(\frac{v_x - u_0}{AB}\right) e^{-ABt} + v_x t + x_0 + \frac{u_0 - v_x}{AB} \left.\vphantom{\frac{C}{AB}}\right\}$$
$$y = \left(\frac{v_y - v_0 + \dfrac{C}{AB}g}{AB}\right) e^{0ABt} + \left(v_y + \frac{C}{AB}g\right)t + y_0 - \frac{v_y - v_0 + \dfrac{C}{AB}g}{AB} \tag{2-80}$$

得到方程的解后，只要知道流程分布和水滴运动的初始条件，就可以很容易地确定水滴在不同时刻的位置以及水滴是否会和叶片相碰撞。

2. 一阶 Euler 法

对于水滴运动方程，可以写出其在物理空间轴方向的方程，在该方向上没有重力和浮力项，因此方程可以写为

$$M_d a_x = \frac{1}{2} C_D A_d \rho_a |u_a - u_d| (u_a - u_d) \tag{2-81}$$

其中 a_x 为水滴在 x 方向的加速度，水滴质量及迎风面积表达式为

$$M_d = V_d \rho_d = \frac{1}{6} \pi d_{eq}^3 \rho_d \tag{2-82}$$

$$A_d = \frac{1}{4} \pi d_{eq}^2 \tag{2-83}$$

将式 (2-82)、式 (2-83) 代入式 (2-81) 中可得

$$a_x = \left(\frac{C_D Re}{24}\right) \frac{1}{K_a} (u_a - u_d) \tag{2-84}$$

其中

$$K_a = \frac{\rho_d d_{eg}}{18\mu} \tag{2-85}$$

对于在物理空间 y 轴方向的方程，需考虑重力和浮力，通过以上方法推导出水滴加速度为

$$a_y = \left(\frac{C_D Re}{24}\right) \frac{1}{K_a} (v_a - v_d) + \left(\frac{\rho_d - \rho_a}{\rho_d}\right) g \tag{2-86}$$

得到水滴的加速度后，在 t_n 时刻水滴的速度为 (u_d^n, v_d^n)，所处位置为 (x_d^n, y_d^n)，则在 t_{n+1} 时刻水滴速度和位置为

$$\left.\begin{aligned} u_d^{n+1} &= u_d^n + a_x(t_{n+1} - t_n) \\ v_d^{n+1} &= v_d^n + a_y(t_{n+1} - t_n) \\ x_d^{n+1} &= x_d^n + u_d^n(t_{n+1} - t_n) \\ y_d^{n+1} &= y_d^n + v_d^n(t_{n+1} - t_n) \end{aligned}\right\} \tag{2-87}$$

3. Runge - Kutta 法

以流场的速度分布和水滴的初始位置作为定解条件，水滴运动方程的求解可以看成是一个一阶常微分方程的初值问题，即

$$\left.\begin{aligned} \frac{d\vec{u}}{dx} &= f(t, \vec{u}) \\ \vec{u}(t_0) &= \vec{u}_0 \end{aligned}\right\} \tag{2-88}$$

由四阶 Runge - Kutta 法得出最常用的公式为

$$\vec{u}_{n+1} = \vec{u}_n + \frac{1}{6}(t_{n+1} - t_n)(K_1 + 2K_2 + 2K_3 + K_4) \qquad (2-89)$$

其中

$$\left. \begin{aligned}
K_1 &= f(t_n, \vec{u}_n) \\
K_2 &= f\left(t_n + \frac{\Delta t}{2}, \vec{u}_n + \frac{\Delta t}{2}K_1\right) \\
K_3 &= f\left(t_n + \frac{\Delta t}{2}, \vec{u}_n + \frac{\Delta t}{2}K_2\right) \\
K_4 &= f(t_n + \Delta t, \vec{u}_n + \Delta t K_3)
\end{aligned} \right\} \qquad (2-90)$$

求得 u_d^{n+1}，v_d^{n+1} 后，则 $t^{n+1} = t^n + \Delta t$ 时刻水滴的位置可以表示为

$$\left. \begin{aligned}
x_{n+1} &= x_n + \frac{1}{2}(u_n + u_{n+1})\Delta t \\
y_{n+1} &= y_n + \frac{1}{2}(v_n + v_{n+1})\Delta t
\end{aligned} \right\} \qquad (2-91)$$

求解了水滴运动方程，就可以知道每个水滴在不同时刻的位置和水滴的运动轨迹。开始进行水滴轨迹计算时，首先给定水滴的初始位置，然后计算 Δt 时间步长后水滴的新位置，每计算一步，要进行一次水滴是否与物面相碰撞的判断。对于每一个水滴要分别跟踪，如此推进计算，直到水滴与物面相碰撞或者水滴运动到界定的区域以外。

水滴运动方程计算完后，就可以根据定义得到部件表面的水滴撞击特性。

2.2.3.3　水滴撞击特性计算方法及步骤

前面给出了水滴轨迹运动方程及求解方法，通过上述方法可以求得局部收集系数，进而获得水滴撞击特性，其具体的步骤概括为：

（1）计算风力机叶片的绕流流场，得到流场速度分布。

（2）根据流场分布，利用数值法求解水滴运动方程，确定流场中水滴与风力机叶片的相对运动轨迹。

（3）判断水滴碰撞位置 s 及对应的起始位置 y。

（4）由记录下的 s 和 y 值，进行代数插值，得到函数 $s = s(y)$，根据定义求得局部收集系数 β。

为求解水滴运动方程，得出阻力系数 C_D 与相对雷诺数 Re 的关系满足

$$\frac{C_D Re}{24} = 1 + 0.197 Re^{0.63} + 2.6 \times 10^{-4} Re^{1.38} \qquad (2-92)$$

整理得

$$\frac{C_D Re}{24} = 1.699 \times 10^{-5} Re^{1.92} \qquad (2-93)$$

判断水滴是否碰撞在物面上的方法为将二维物面分割成多个小段，若某时刻 $t(t_n \leqslant t \leqslant t_{n+1})$ 水滴与物面碰撞，由点 (x_n, y_n) 和点 (x_{n+1}, y_{n+1}) 连成线段应该与物面上的一条线段相交，碰撞点即为两条线段的交点。

通过以上求得的水滴轨迹并确定碰撞点位置后，确定了一组水滴纵向出发点位置 $(y_0, y_1, y_2, \cdots, y_n)$ 以及对应碰撞物面位置 $(s_0, s_1, s_2, \cdots, s_n)$，$s_i$ 表示碰撞点距离

驻点的物面曲线距离，就得到函数 $s=s(y)$，根据这两组数据进行代数插值，其中局部收集系数是 s 关于 y 的一阶导数。

函数 $s(y)$ 在子区间 $[y_{i-1}, y_i]$ 上的表达式 $s_i(y)$ 为次数不高于 3 的代数多项式，所以 $\ddot{s}_i(y)$ 是线性函数，记

$$\ddot{s}_i(y)=M_i(i=0,1,\cdots,n) \tag{2-94}$$

则有

$$\ddot{s}_{i-1}(y)=M_{i-1},\ddot{s}_{i+1}(y)=M_{i+1} \tag{2-95}$$

即有

$$\ddot{s}_{i-1}(y)=M_{i-1}\frac{y_i-y}{h_i}+M_i\frac{y-y_{i-1}}{h_i} \tag{2-96}$$

其中 $h_i=y_i-y_{i-1}$，将式（2-96）积分两次得

$$s_i(y)=\frac{M_{i-1}}{6h_i}(y_i-y)^3+\frac{M_i}{6h_i}(y-y_{i-1})^3+c_1y+c_2 \tag{2-97}$$

对于插值条件有

$$s(y_i)=s_i(y)=s_i \tag{2-98}$$

则可知积分常数

$$c_1=\frac{s_i-s_{i-1}}{h_i}-\frac{(M_i-M_{i-1})h_i}{6} \tag{2-99}$$

$$c_2=\frac{s_{i-1}y_i-s_iy_{i-1}}{h_i}-\frac{h_i}{6}(M_iy_{i-1}-M_{i-1}y_i) \tag{2-100}$$

将式（2-99）、式（2-100）代入式（2-97），整理得

$$s_i(y)=\frac{M_{i-1}}{6h_i}(y_i-y)^3+\frac{M_i}{6h_i}(y-y_{i-1})^3+\left(\frac{s_{i-1}}{h_i}-\frac{M_{i-1}}{6}h_i\right)(y_i-y)+\left(\frac{s_i}{h_i}-\frac{M_i}{6}h_i\right)(y_i-y_{i-1})$$

$$(y_{i-1}\leqslant y\leqslant y_i)(i=1,2,\cdots,n)$$

$$\tag{2-101}$$

相应的，$s_i(y)$ 的一阶导数为

$$\dot{s}_i(y)=-\frac{M_{i-1}}{2h_i}(y_i-y)^2+\frac{M_i}{2h_i}(y-y_{i-1})^2+\frac{s_i-s_{i-1}}{h_i}-\frac{h_i}{6}(M_i-M_{i-1}) \tag{2-102}$$

由式（2-101）可知，只要求出 $M_i(i=1,2,\cdots,n)$，所求的三次样条函数在各个子区间 $[y_{i-1}, y_i]$ 的表达式 $s_i(y)$ 可以确定。根据三条样条插值的要求，即 $\dot{s}_i(y)$ 在各个节点 $y_i(i=1,2,\cdots,n)$ 处连续的条件，得到（n-1）个方程

$$\frac{h_i}{6}M_{i-1}+\frac{h_i+h_{i+1}}{3}M_i+\frac{h_{i+1}}{6}M_{i+1}=\frac{s_{i+1}-s_i}{h_{i+1}}+\frac{s_i-s_{i-1}}{h_i}(i=1,2,\cdots,n) \tag{2-103}$$

方程两边同乘 $6/(h_i+h_{i+1})$，定义为

$$\left.\begin{array}{l}\xi_i=\dfrac{h_{i+1}}{h_i+h_{i+1}}\\[2mm]\eta_i=1-\xi_i\\[2mm]\zeta_i=\dfrac{6}{h_i+h_{i+1}}\left(\dfrac{s_{i+1}-s_i}{h_{i+1}}-\dfrac{s_i-s_{i-1}}{h_i}\right)\end{array}\right\} \tag{2-104}$$

式（2-103）写为

$$\eta_i M_{i-1} + 2M_i + \xi_i M_{i+1} = \zeta_i \ (i=1,2,\cdots,n-1) \tag{2-105}$$

对于式（2-105），具有（$n+1$）个未知数 M_0，M_1，$\cdots$，M_n，同时补充两个方程，这两个方程通过端点 y_0 及 y_n 处的边界条件给出。在水滴撞击极限处，水滴的局部收集系数为零，边界条件为

$$\dot{s}(y_0)=0, \dot{s}(y_n)=0 \tag{2-106}$$

根据式（2-106）可将式（2-102）可增加两个方程

$$\left.\begin{array}{l} -\dfrac{h_1}{3}M_0 - \dfrac{h_1}{6}M_1 + \dfrac{s_1-s_0}{h_1}=0 \\[3mm] \dfrac{h_n}{6}M_{n-1} + \dfrac{h_n}{3}M_n + \dfrac{s_n-s_{n-1}}{h_n}=0 \end{array}\right\} \tag{2-107}$$

利用式（2-104）定义的 ξ_i、η_i、ζ_i 将变为

$$\left.\begin{array}{l} \xi_0=1, \zeta_0 = \dfrac{6}{h_1}\dfrac{s_1-s_0}{h_1}=0 \\[3mm] \xi_n=1, \zeta_n = \dfrac{6}{h_n}\dfrac{s_n-s_{n-1}}{h_n} \end{array}\right\} \tag{2-108}$$

将式（2-105）与式（2-107）合在一起，形成关于 M_0，M_1，$\cdots$，M_n 的线性方程组，该方程具有唯一解，根据 M_0，M_1，$\cdots$，M_n 的值，就能得到函数 $s=s(y)$，局部收集系数也可相应求得。

2.2.4　积冰热力学模型

风力机叶片在含有过冷水滴的来流中旋转运行时，风力机叶片会收集到空气中的过冷水滴，由于风力机叶片的表面温度低于冰点，收集到的液态水会在风力机叶片表面冻结，随着风力机旋转过程的持续，冻结的冰会不断积累，在叶片表面形成一定的"冰形"。在此过程中，叶片表面积冰主要满足质量平衡和能量平衡。

2.2.4.1　积冰表面质量平衡

对于积冰表面上的某个控制体积，其表面质量传递如图 2-5 所示。

由图 2-5 所示，单位时间进入该控制体积的质量包括控制体积表面相碰撞的所有水滴的质量总和 $\dot{m}_{im}$ 和从前一个控制体积进入当前体积的液态水质量 $\dot{m}_{in}$ 两项。其中 $\dot{m}_{im}$ 受流场分布、空气含水量及水滴当量直径的影响，满足

$$\dot{m}_{im} = W_\beta/dt = \beta \cdot LWC \cdot v_\infty \cdot ds \tag{2-109}$$

对于前一个控制体积进入当前体积的液态水质量 $\dot{m}_{in}$，若前一控制体积里面的水没有完全冻结，剩余的水将会沿积冰表面向后流动，进入当前控制体积。在进行计算时，与驻点相邻的两个控制体积是不会有溢流水进入的，这两个控制体积有

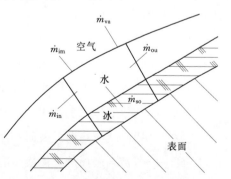

图 2-5　积冰表面单个控制体积
表面质量传递

$$\dot{m}_{in,0}=0 \tag{2-110}$$

同理，由图 2－5 可知离开当前控制体积的质量包括从当前控制体积流到下一个控制体积的液态水质量 $\dot{m}_{ou}$、蒸发损失的水量 $\dot{m}_{va}$ 及留在该控制体积质量 $\dot{m}_{so}$。

对于当前控制体积流到下一个控制体积的液态水质量 $\dot{m}_{ou}$ 与 $\dot{m}_{in}$ 一样，当前控制体积也会有液态水向后流进下一个控制体积，当前控制体积的 $\dot{m}_{ou}$ 与下一个控制体积 $\dot{m}_{in}$ 相等，即

$$\dot{m}_{in,i} = \dot{m}_{in,i+1} \tag{2-111}$$

对于蒸发损失的水量 $\dot{m}_{va}$，与空气温度、接触面积和空气湿度等因素有关。

对于留在该控制体积质量 $\dot{m}_{so}$，即为全部结成冰的质量。在计算该值时引入冻结比例 f，定义为该控制体积中冻结成冰的质量与进入该控制体积的所有水质量的比值，则有

$$\dot{m}_{so} = f(\dot{m}_{im} + \dot{m}_{in}) \tag{2-112}$$

根据质量守恒，进入当前控制体积的质量减去离开当前控制体积的质量，所得到的质量即为当前控制体积内结成冰的质量，即

$$\dot{m}_{in} + \dot{m}_{im} - \dot{m}_{va} - \dot{m}_{ou} = \dot{m}_{so} \tag{2-113}$$

通常将式（2-113）写为

$$\dot{m}_{ou} = (1-f)(\dot{m}_{im} + \dot{m}_{in}) - \dot{m}_{va} \tag{2-114}$$

对于上式的方程其不能单独求解，应当与能量平衡方程联立求解。

2.2.4.2　积冰表面热力学模型求解

对于积冰表面上的某个控制体积，其能量传递如图 2-6 所示。

考虑到积冰表面上某控制体积中的能量传递情况，将能量传递分为 8 项，如果该控制体内部存在热源，根据热力学第一定律，控制体积表面的能量平衡方程可以写为

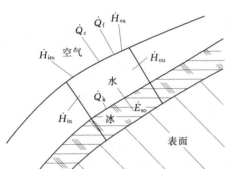

图 2-6　积冰表面单个控制体积表面质量传递

$$\dot{E}_{so} + \dot{H}_{va} + \dot{H}_{ou} - \dot{H}_{in} - \dot{H}_{im} = \dot{Q}_f - \dot{Q}_c - \dot{Q}_k \tag{2-115}$$

式中　$\dot{E}_{so}$——冻结水的能量；

$\dot{H}_{va}$——蒸发（或升华）水的能量；

$\dot{H}_{ou}$——流出当前体积溢流水的能量；

$\dot{H}_{in}$——流入当前体积溢流水的能量；

$\dot{H}_{im}$——与控制体积表面相碰撞的水滴所带来的能量；

$\dot{Q}_f$——由于气流摩擦对表面的加热能量；

$\dot{Q}_c$——气流与表面的对流换热能量；

$\dot{Q}_k$——冰（或物面）与水之间热传导的能量。

为了求解式（2-115），对表面积冰的类型和表面温度的关系进行分析，给出各能量项的表达式和计算方法。

1. 对流传热的计算

对流传热的热流用牛顿冷却公式得

$$\dot{Q}_{c} = h_{c}A(T_{s} - T_{e}) \tag{2-116}$$

其中，对流换热系数 h_c 的确定是对流传热计算的关键。

2. 气流摩擦对表面的加热热流

由于黏性力作用，附面层内的气流速度由自由流速度 v_∞ 减小到 0，气体温度升高为

$$\Delta T = r_{c}\frac{v_{\infty}^{2}}{2c_{a}} \tag{2-117}$$

气流摩擦的加热热流为

$$\dot{Q}_{f} = h_{c}Ar_{c}\frac{v_{\infty}^{2}}{2c_{a}} \tag{2-118}$$

恢复因子 r_c 表达式为

$$r_{c} = 1 - \left(\frac{v_{e}}{v_{\infty}}\right)^{2}\left[1 - (P_{r})^{n}\right] \tag{2-119}$$

式中 v_e——边界层外边界的速度；

　　　 P_r——普朗特数

$$P_{r} = \frac{\mu c_{a}}{\lambda} \tag{2-120}$$

n 的取值为：层流时 $n = 1/2$，湍流时 $n = 1/3$。

3. 热传导计算

由于过冷水滴直径很小，将其看做无限大、有厚度的平板传热，假定表面温度逐步变化，从 $t = 0$ 的初始温度 T_{rec} 变为积冰温度 T_s，热传导的热流可写为

$$\dot{Q}_{k} = \frac{-\lambda(T_{rec} - T_{s})}{\sqrt{\pi\chi\tau}} \tag{2-121}$$

式中 χ——热扩散率；

　　　 τ——尺度时间。

4. 空气中撞击在当前体积过冷水能量

选择温度 T_0（取开尔文温度）和速度 v_0 为参考状态，取

$$T_{0} = 273.15\text{K}, v_{0} = 0$$

则有

$$\dot{H}_{im} = \dot{m}_{im}\left[c_{w}(T_{\infty} - T_{0}) + \frac{v_{\infty}^{2}}{2}\right] \tag{2-122}$$

5. 溢流水携带能量计算

不同积冰类型，溢流水携带能量不同，可以对不同类型表面进行分类。

对于干表面，不存在溢流水，因此有

$$\dot{H}_{in} = 0 \tag{2-123}$$

$$\dot{H}_{ou} = 0 \tag{2-124}$$

对于湿表面，表面温度为 T_0，因此有

$$\left.\begin{aligned}\dot{H}_{in} &= \frac{1}{2}\dot{m}_{in}(v_{\infty}\cos\alpha_{in})^{2}\\[2mm]\dot{H}_{ou} &= \frac{1}{2}\dot{m}_{ou}(v_{\infty}\cos\alpha)^{2}\end{aligned}\right\} \tag{2-125}$$

对于液态表面，表达式为

$$\left.\begin{array}{l} H_{in} = \dot{m}_{in} c_w (T_{in} - T_0) + \dfrac{1}{2} \dot{m}_{in} (v_\infty \cos\alpha_{in})^2 \\[2mm] H_{ou} = \dot{m}_{ou} c_w (T_s - T_0) + \dfrac{1}{2} \dot{m}_{ou} (v_\infty \cos\alpha)^2 \end{array}\right\} \qquad (2-126)$$

6. 冻结相变的能量

对于干表面，考虑相变期间的热传递和相变之后温度变化，有

$$\dot{E}_{so} = \dot{m}_{so} [c_i (T_s - T_0) - L_f] \qquad (2-127)$$

式中　c_i——冰的比热。

对于湿表面，相变后温度不发生变化，因此

$$\dot{E}_{so} = -\dot{m}_{so} L_f \qquad (2-128)$$

对于液体表面，不发生相变

$$\dot{E}_{so} = 0 \qquad (2-129)$$

7. 蒸发（或升华）的能量

对于干表面，考虑冰升华，有

$$\dot{H}_{va} = \dot{H}_{su} = \dot{m}_{va} [L_e + c_i (T_s - T_0) - L_f] \qquad (2-130)$$

式中　L_e——单位质量液态水转换气态水相变过程能量系数；

　　　L_f——单位质量液态水转换固态水相变过程能量系数。

对于湿表面，有

$$\dot{H}_{va} = \dot{H}_{ev} = \dot{m}_{va} L_e \qquad (2-131)$$

对于液体表面，有

$$\dot{H}_{va} = \dot{H}_{ev} = \dot{m}_{va} [L_e + c_w (T_s - T_0)] \qquad (2-132)$$

其中 $\dot{H}_{va}$ 的求解是通过蒸发（升华）质量 $\dot{m}_{va}$。通过传质公式得蒸发质量可以写成

$$\dot{m}_{va} = b(\rho_{v,s} - \rho_{v,1}) \qquad (2-133)$$

式中　b——质量传递系数；

$\rho_{v,s}$、$\rho_{v,1}$——紧贴湿热表面层空气的绝对湿度，附面层外边界空气的绝对湿度。

其中

$$b = \frac{h_c}{\rho_e c_a L^{2/3}} \qquad (2-134)$$

L 为 Schmidt 数与 Prandtl 数之比，即

$$L = \frac{S_c}{P_r} = \frac{\mu/\rho D}{\mu c_a / \lambda} = \frac{\lambda}{\mu c_a D} \qquad (2-135)$$

式中　D——水蒸气在空气中的扩散率，对于空气，$S_c = 0.60$。

绝对湿度 $\rho_{v,s}$ 和 $\rho_{v,1}$ 的计算表达式为

$$\rho_{v,s} = \frac{p_{v,s}}{R_v T_s} \qquad (2-136)$$

$$\rho_{v,1} = \frac{p_{v,1}}{R_v T_1} \qquad (2-137)$$

式中　T_s、T_1——湿表面以及附面层边界上的绝对温度；

　　　$p_{v,s}$、$p_{v,1}$——T_s、T_1 对应的饱和水蒸气压；

R_v——水蒸气的气体常数，取 461.4J/(kg·K)。

2.3 典型风力机准三维结冰数值模拟算例

2.3.1 风力机结冰计算外形

在前述章节中叙述了风力机结冰的影响因素，本节对典型的风力机准三维结冰进行数值模拟，所用三维结冰计算软件由中国空气动力研究与发展中心的易贤研究员团队提供。

研究对象为基于某 1.5MW 级的水平轴风力机叶片，针对其在不同工况下的结冰环境条件，进行了准三维的叶片结冰数值模拟计算。叶片的基本设计参数为：不考虑轮毂情况下叶片长度为 39.2m；额定风速为 11m/s；切入风速为 3m/s；切出风速为 25m/s；风轮的额定转速为 10r/min。

风力机叶片及风轮外形三维模型图如图 2-7 所示。在实际计算分析中，为求得风力机叶片上任意位置的叶素的相对速度，通常不将叶根部位作为原点，而是取风力机的轮毂中心，坐标轴方向为：x 向与叶片上叶素翼型周向转动速度方向相反，y 向与远场来流方向一致，z 向为垂直向上。某叶片的坐标示意如图 2-8 所示。

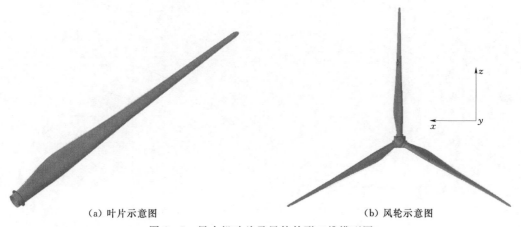

（a）叶片示意图　　　　　　　　　　　　（b）风轮示意图

图 2-7　风力机叶片及风轮外形三维模型图

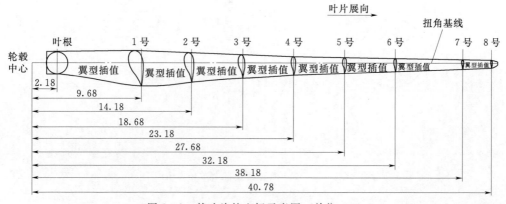

图 2-8　某叶片的坐标示意图（单位：m）

根据叶片的坐标形式，获得了各个编号叶素翼型的坐标，如图 2-9 所示，其中 x 轴、y 轴分别代表水平方向的距离变化、竖直方向的距离变化。

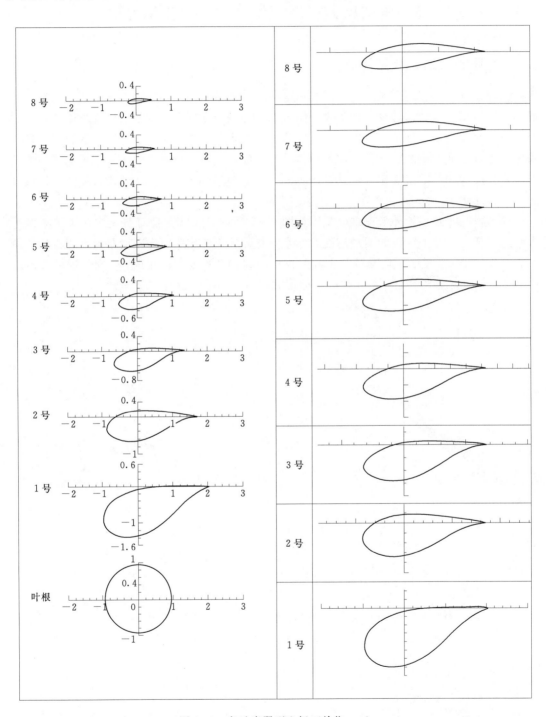

图 2-9 各叶素翼型坐标（单位：m）

2.3.2 影响因素对风力机结冰分布影响

在前述章节中分析影响风力机结冰的主要因素有环境温度、液态水含量、水滴粒子直径、结冰时间、来流速度、回转半径与旋转速度及叶片翼型。对于现有风力机而言，其外形已经固定，即叶片翼型及回转半径已经一定，同时机舱内的机械部件及电控部件已经设计完成，与其匹配的旋转速度也已经确定。通常，影响一台正常工作的风力机结冰的外界因素主要包括：环境温度、液态水含量、水滴粒子直径、结冰时间及来流速度。

（1）结冰时间。在进行水滴粒子直径对风力机叶片结冰影响的分析中确定的试验条件为：结冰环境温度−8℃，液态水含量 0.3g/m³，来流风速 11m/s，水滴粒子直径 30μm。结冰时间 30min、60min、90min 及 120min。在该转速下各叶素叶片的相对速度 V 和攻角 $α$ 见表 2−4。

表 2−4 各叶素叶片的相对速度 V 和攻角 $α$

叶片编号	1	2	3	4	5	6	7	8
相对速度 $V/(\text{m} \cdot \text{s}^{-1})$	23	32	41	50	59	68	81	86
攻角 $α/(°)$	28.5	20.3	15.7	12.8	10.7	9.3	7.8	7.3

（2）环境温度。计算条件为：液态水含量 0.3g/m³，水滴粒子直径 30μm；来流风速 11m/s；结冰时间 60min，结冰环境温度−2℃、−5℃、−8℃及−12℃。

（3）液态水含量。计算条件为：结冰环境温度−8℃，水滴粒子直径 30μm；来流风速 11m/s；结冰时间 60min，液态水含量 0.1g/m³、0.2g/m³、0.3g/m³、0.5g/m³。

（4）水滴粒子直径。计算条件为：结冰环境温度−8℃，液态水含量 0.3g/m³，来流风速 11m/s；结冰时间 60min，水滴粒子直径 5μm、10μm、30μm 及 50μm。

图 2−10～图 2−25 为各条件下的计算结果。由这些结果可以看出，由于影响风力机结冰的因素涉及四个环境变量，结冰后的风力机叶片也为不规则图形，结冰特征很复杂。而现有风力机的翼型与结构也是千差万别，因此，读者可根据自身情况进行计算与试验。然而，目前对风力机叶片结冰还尚未建立一套统一和完整的评价体系。只是有一些评价指标，如结冰面积，结冰质量、结冰分布等，但要寻找这些变量的相关关系则很困难。如果对每个因素进行分析并相互搭配进行试验与计算，工作量相当大。然而，通过合理的试验设计能够有效地解决这一问题，其中正交试验设计是研究多因素多水平的一种设计方法，能够利用较少的试验次数获得较好的试验结果，但是正交设计试验所得的结果只限制在已有的水平中。回归分析是一种有效的数据处理方法，通过确立的回归方程，可以对试验结果进行预测，但回归分析只是对已有数据进行处理分析而不涉及试验设计。将两者的优势统一起来，不仅有合理的试验数据和较少的试验次数，还能建立数学模型进行预测，这是进行旋转叶片结冰预测中所希望达到的目的。回归正交设计就是这样一种试验设计方法，它可以在因素的试验范围内选择适当的试验点，用较少的试验建立一个精度高、统计性质好的回归方程。

因此，可以针对数值计算与风洞试验的共同结果，进行回归正交设计，得到预测方程，便可以对任意情况的结冰特征进行预测与评估了。

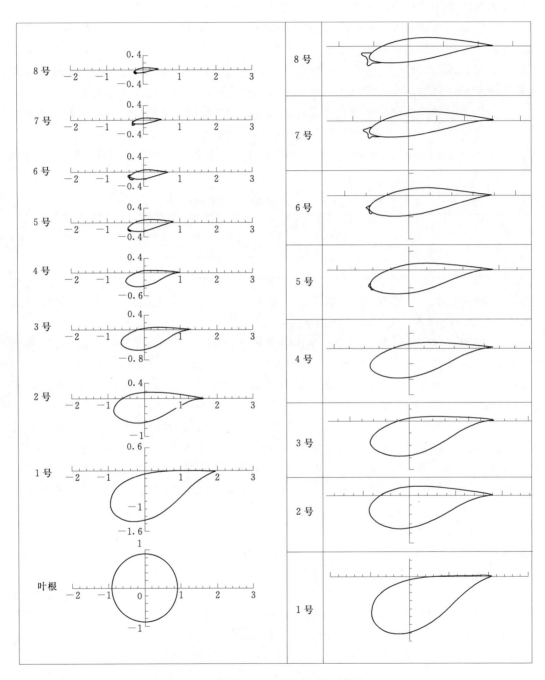

图 2-10　结冰 30min 叶片冰形（单位：m）

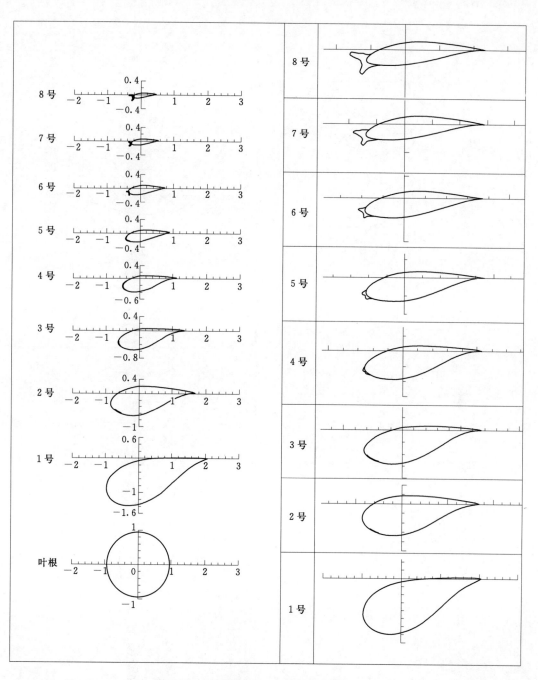

图 2-11　结冰 60min 叶片冰形（单位：m）

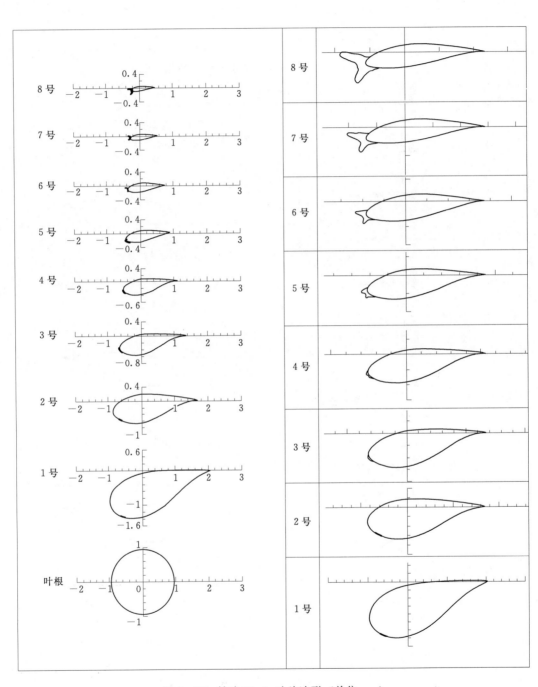

图 2-12　结冰 90min 叶片冰形（单位：m）

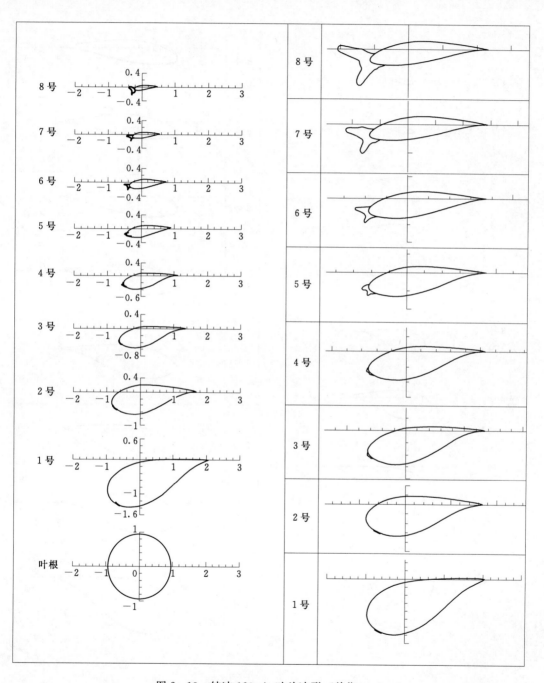

图 2-13 结冰 120min 叶片冰形（单位：m）

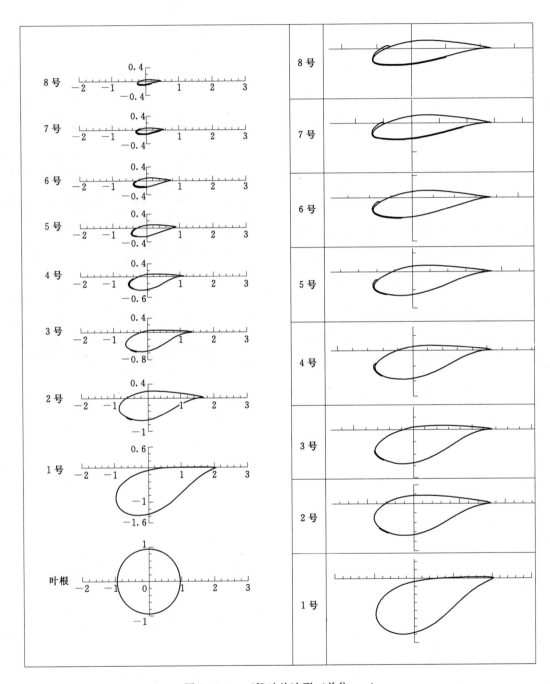

图 2-14　-2℃叶片冰形（单位：m）

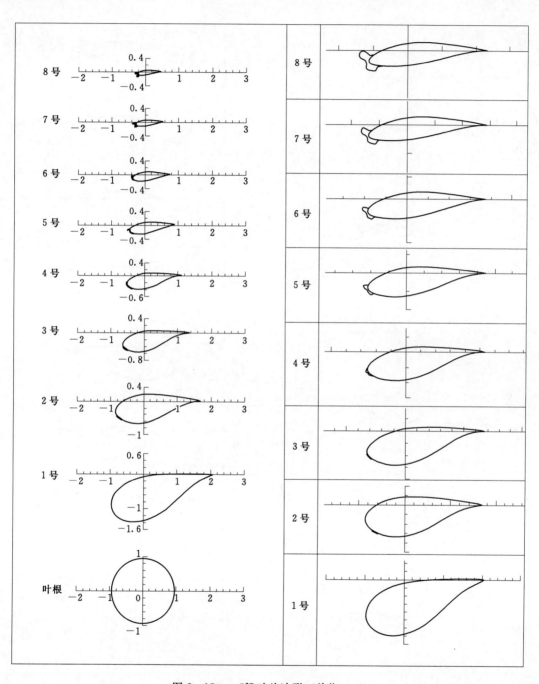

图 2-15 −5℃叶片冰形 (单位: m)

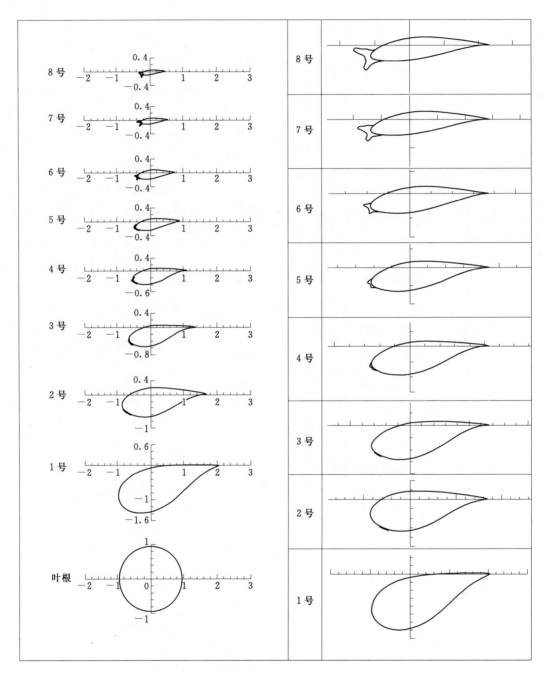

图 2-16 -8℃叶片冰形（单位：m）

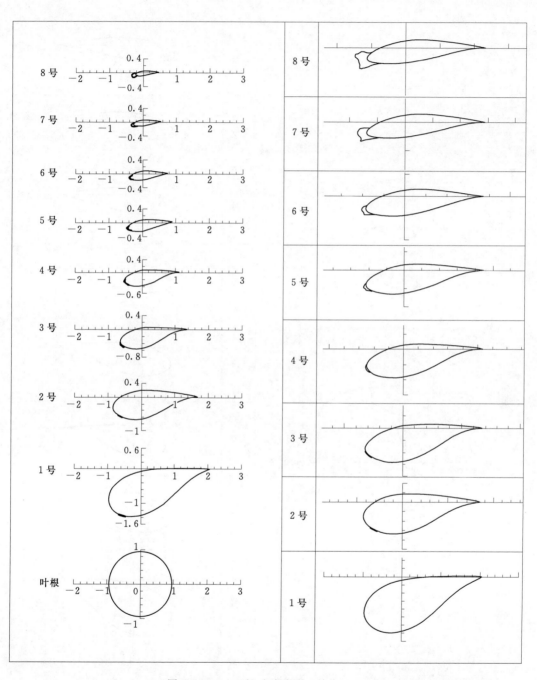

图 2-17 -12℃叶片冰形（单位：m）

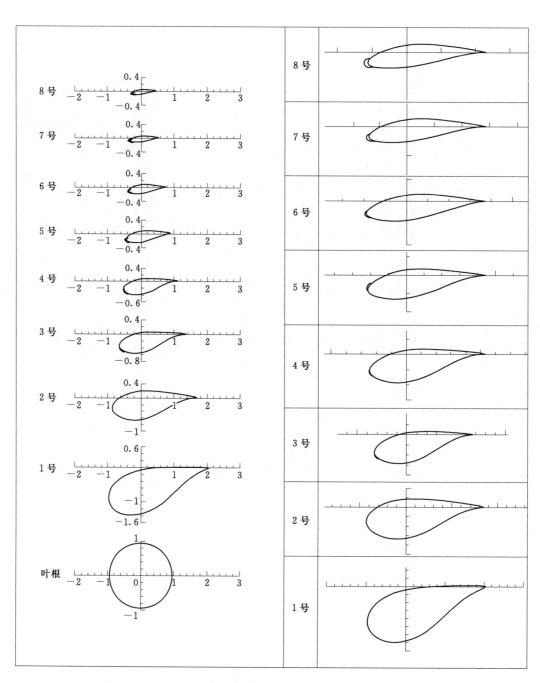

图 2-18　液态水滴含量 0.1g/m³ 叶片冰形（单位：m）

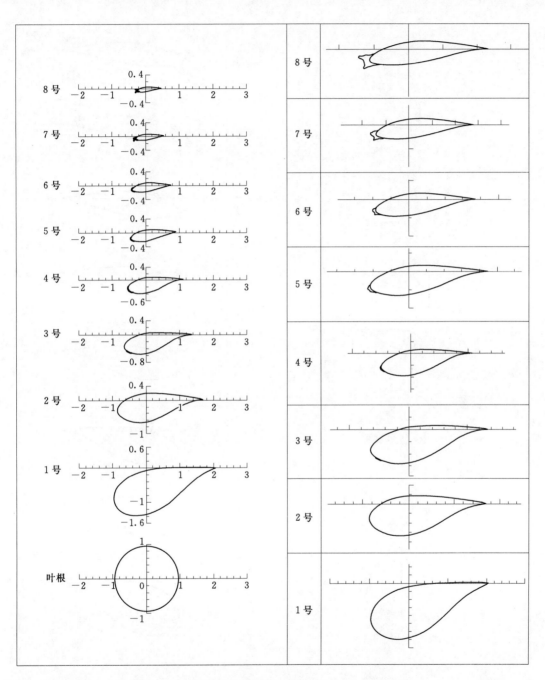

图 2-19 液态水滴含量 0.2g/m³ 叶片冰形（单位：m）

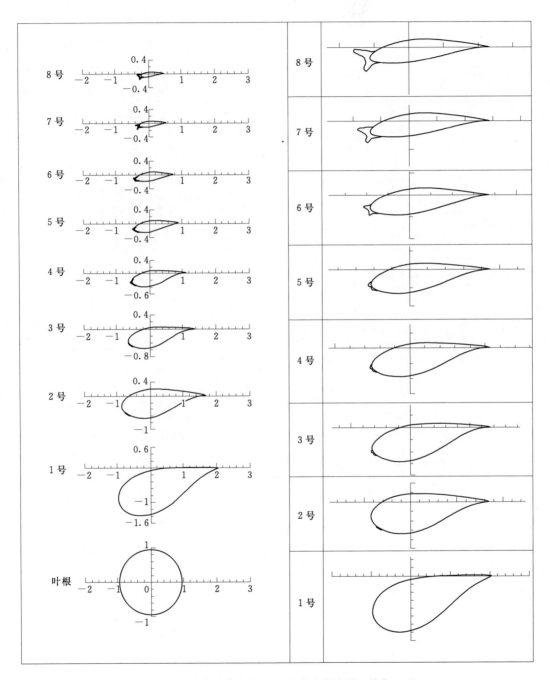

图 2 - 20　液态水滴含量 0.3g/m³ 叶片冰形（单位：m）

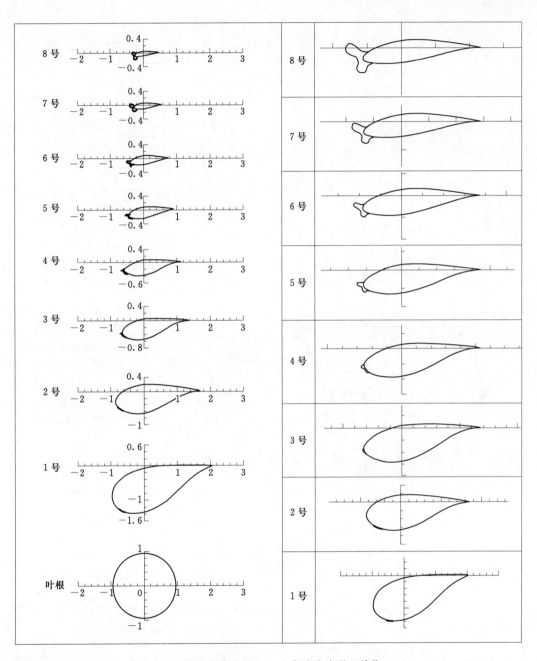

图 2 - 21　液态水滴含量 $0.5\mathrm{g/m^3}$ 叶片冰形（单位：m）

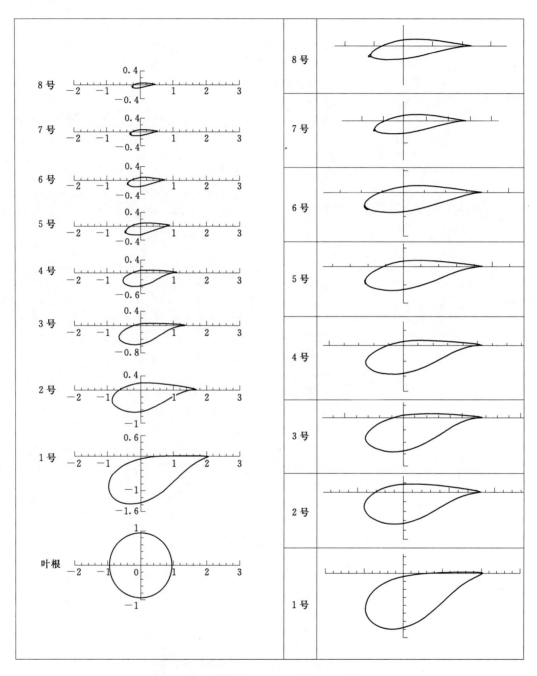

图 2-22　水滴粒径 5μm 叶片冰形（单位：m）

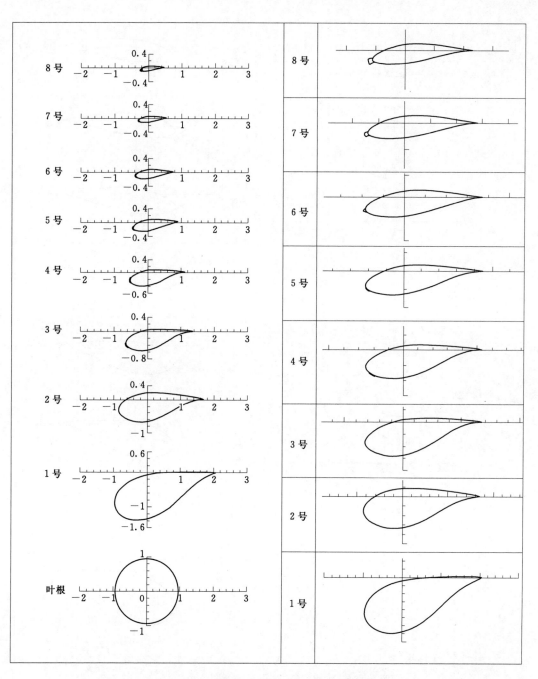

图 2-23 水滴粒径 $10\mu\mathrm{m}$ 叶片冰形（单位：m）

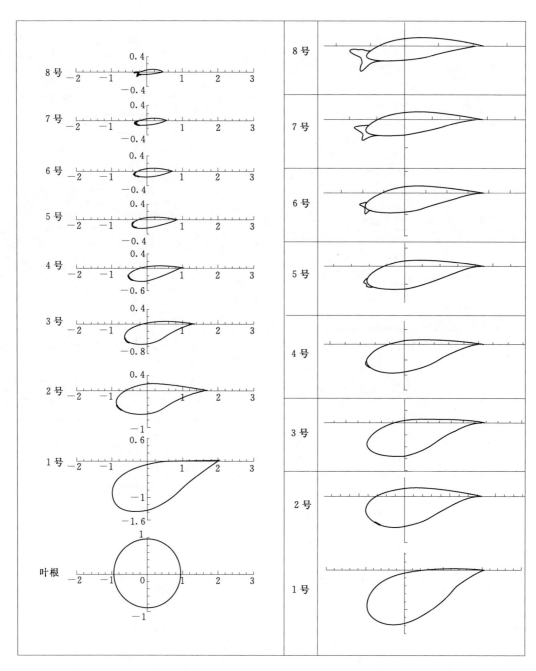

图 2-24　水滴粒径 30μm 叶片冰形（单位：m）

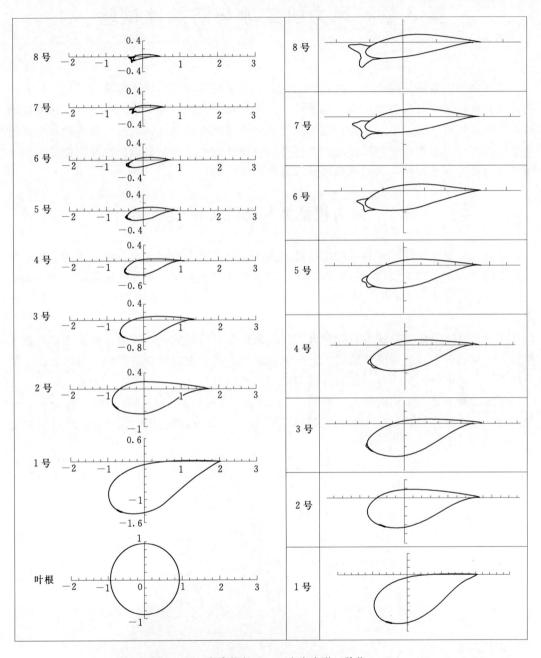

图 2-25　水滴粒径 50μm 叶片冰形（单位：m）

第 3 章　风力机结冰与防除冰试验

结冰风洞试验是研究风力机叶片结冰机理和开发防除冰技术的重要研究手段，但利用结冰风洞进行试验对设备要求高、操作难，成本昂贵，因此，现阶段对风力机结冰的试验研究报道还相对较少。本章主要介绍了风力机叶片结冰与防除冰试验研究的种类、常用设备、试验方法，对试验条件的要求，并以某自行设计的利用自然低温的冰风洞试验为例介绍了风力机叶片和圆柱结冰的冰风洞试验研究相关情况。

3.1　风力机结冰与防除冰试验概述

风力机结冰与防除冰试验是利用试验的方法，研究风力机在含有过冷水滴的空气中凝结成冰的机理和积冰生长过程；分析不同工况下结冰对风力机气动性能的影响，进而确定是否要进行防除冰作业；对防除冰系统进行验证，估测其是否能够满足风力机正常工作需要。

风力机结冰及防除冰试验过程包含了复杂的传热、传质问题，仅通过理论研究或数值模拟方法是远远不够的，需要通过大量的试验研究，得到准确可靠的数据，归纳规律，结合理论分析进而解决风力机结冰的科研问题与工程问题。

结冰试验可分为不同的层次，如图 3-1 所示，不仅针对风场进行研究，也会在试验室进行。结冰试验是研究风力机防除冰方法的基础，只有正确认识结冰发生的原因和类

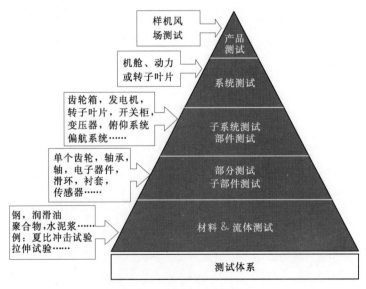

图 3-1　结冰试验测试体系

型，才能提出合适的防除冰方法，解决结冰问题。通过观察结冰生长过程，研究结冰机理，有助于完善结冰过程各物理模型；通过获得的结冰冰形，对结冰数值模拟方法进行验证。

按照试验装置和试验条件的不同，可以将结冰和防除冰实验分为冰风洞试验、气候室试验、野外观测试验。

冰风洞是研究结冰技术和防除冰技术的常用设备。对于叶片材料及简易的设备，进行冰风洞试验显然造成价值浪费，通常通过气候试验室进行低温模拟。而由于试验条件设备的限制，很难对全尺寸部件或模型在涉及的结冰气象条件下进行试验。对于该种情况，一方面是通过野外观测试验对风力机结冰情况进行直接观测；另一方面是利用缩比试验方法和相似准则，使得在改变试件几何结构和试验条件参数的情况下，反映实际物体的结冰过程和防冰性能。本文将在后续章节中对缩比试验方法和相似准则进行介绍。

3.2 冰 风 洞 试 验

3.2.1 冰风洞概述

冰风洞试验是进行风力机结冰及其防护系统研究的最基本的手段。但是由于对于风力机结冰研究开展较晚，专门针对风力机结冰研究的冰风洞还未见报道，现行的冰风洞均是应用于航空领域，但由于具有通用性，航空结冰风洞对风力机结冰同样适用。与普通常规风洞相比，冰风洞增加了一套模拟结冰环境的系统以及风洞的防冰装置。风洞的稳定段前装有大容量的冷却器，稳定段中装有喷雾装置，便于在试验模型中模拟真实的结冰条件。同时为了维持风洞的正常工作，风洞增加必要的除防冰设备。例如导流片常用蒸汽加热防止积冰堵塞；观察窗增加电加热防止结冰影响透明度；风压传感器采用电加热防止结冰导致结果不稳定；风扇上游设置防护网防止冰块击打叶片造成损伤。

按照风洞的类型可以将冰风洞分为开路式和闭路式两种，如图 3-2 所示。开路式风洞如图 3-2（a）所示，气流经过试验段后排出风洞，而不经过专门的管路导回。通常大型的开路风洞的两端都是直通大气，风洞从大气中吸进空气，经过试验段后排入大气。开口式风洞由于直接从大气中吸气，可以利用大气中的冷量，这可以极大地减少结冰风洞制冷所耗费的能量，也可以将风洞试验段做得更大。其中美国明尼苏达州的富坦工程公司利用当地冬季寒冷的气候使用开路式结构，利用自然条件制冷，其中风洞最大试验速度可达到 0.8 马赫数，积冰厚度可达数英寸。加拿大国家研究委员会（NRC）航空研究院于 20 世纪 90 年代建造的一座结冰风洞也是一座开路式风洞。在国内，仅有东北农业大学建造了一种开路式的利用自然低温的冰风洞，专门针对风力机结冰试验研究。

开路式冰风洞的特点是结构简易，利用自然低温制冷节约能源，但由于其受大气风雨影响，且温度调节困难，会影响试验环境。闭路式回流风洞，气流经过试验段后经管路导回重新使用。现阶段的主流冰风洞大多采用闭路式回流风洞，如图 3-2（b）所示。这样可提高制冷系统的效率，提升流场的品质。国内外先后建立起了大大小小的结冰

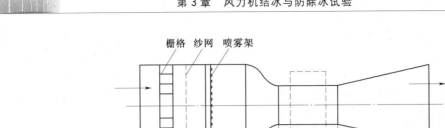

栅格　纱网　喷雾架

稳定段　收缩段　试验段　扩散段

（a）开路式冰风洞

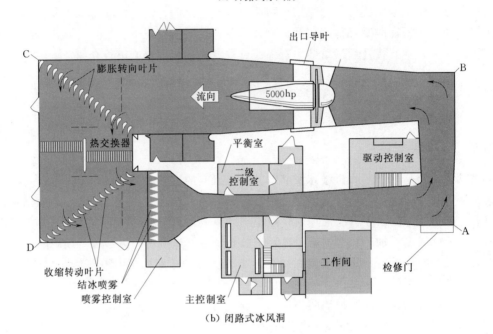

（b）闭路式冰风洞

图 3-2　两种结冰风洞

风洞 20 多座，其中具有典型代表的如美国 NASA 格林研究中心结冰风洞（IRT）、美国 LeClerc 结冰试验室的 Cox 结冰风洞、美国 NASA 的 Lewis 结冰风洞，加拿大低速及高速结冰风洞、意大利航天研究中心的结冰风洞及中国空气动力研究与发展中心的大型结冰风洞。

　　结冰风洞较常规风洞最大的区别为增加了制冷系统和喷雾系统，喷雾系统作为结冰风洞的重要组成部分主要由喷雾架与喷嘴组成。喷嘴通常利用高压空气与高压水混合进行雾化，称为气液两相流喷头。典型喷雾系统如图 3-3 所示，其内部结构如图 3-4 所示。多排喷雾架均匀地布置在收缩段前，对于单个喷头而言，高压空气和水在喷嘴内混合最终形成水雾。由于喷雾架置于风洞内部，试验过程中温度太低将会使空气及水凝结并堵塞管路及喷嘴，因而在试验过程中水和空气都要加热到一定温度，同时满足水滴撞击到试验模型时能够过冷。试验中通过调节不同喷嘴的开闭达到调节喷雾浓度的目的。

　　世界主要冰风洞情况及部分参数见表 3-1。

图 3-3 典型喷雾系统

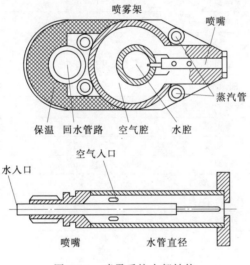

图 3-4 喷雾系统内部结构

表 3-1 世界主要冰风洞情况及部分参数

设施名称与国家	参 数		可测试内容
德国防风工程有限公司：风洞中心/冰风洞（德国）	测试部分	0.8m×0.6m×0.8m	①研究天线塔的结冰探测器；②在无加热的结冰条件下声波风速计的使用性能
	温度	−20～+40℃	
	风速	1～20m/s	
	液滴水含量	最大约 3g/m³	
阿森纳 Fahrzeugversuchsanlage 轨道技术公司（RTA）：维也纳气候风洞（澳大利亚）	测试部分	0.8m×0.6m×0.8m	直升机或小型飞机进行模型试验或实际模型试验
	温度	−20～+40℃	
	风速	1～20m/s	
	液滴粒子直径	20～40μm	

续表

设施名称与国家	参　数		可测试内容
加拿大国家研究委员会（NRC）：3m×6m 冰风洞	测试部分	4.9m×3.1m×6.4m	①地面结冰模拟；②飞机防除冰流体测试；③桥梁电缆和甲板结冰
	风速	小于 67m/s	
	备注	在 3m×6m 冰风洞中无喷雾系统	
加拿大国家研究委员会（NRC）：高空结冰风洞	测试部分	0.33m×0.52m×0.60m	①模拟飞行大气结冰条件；②飞机或云物理仪器的开发、测试或校准；③开发、测试防除冰系统
	温度	−35～+40℃	
	风速	10～180m/s	
	液滴粒子直径	8～120μm	
曼尼托巴大学：可再生能源研究冰风洞（加拿大）	测试部分	0.9m×0.9m×（该数据暂未对外公布）m	为研究人员、非营利组织和个体组织做设备的研究和开发
	温度	最低温度−35℃	
	风速	最大风速 42m/s	
	液滴粒子直径	8～120μm	
加拿大蒂米大学：防冰材料国际试验室（AMIL）（加拿大）	测试部分	0.6m×0.5m×1.5m	①结冰电缆脱落；②疏冰涂层试验
	温度	−50～+25℃	
	风速	最大风速 85m/s	
	液滴水含量	0.1～1.0g/m³	
	液滴粒子直径	20～200μm	
芬兰 VTT 技术研究中心有限公司（VTT）：结冰风洞（芬兰）	测试部分	0.7m×0.7m×1.0m	①验证和测试；②结冰探测器；③叶片加热系统；④涂层和冰附着力试验
	温度	−25～+23℃	
	风速	最大风速 50m/s	
	液滴水含量	0.1～1.0 g/m³	
	液滴粒子直径	17～35μm	
芬兰坦佩雷理工大学：结冰风洞（芬兰）	测试部分	0.3m×0.3m×0.3m	结冰层的离心试验
	温度	最低温度−40℃	
	风速	最大风速 25m/s	
	液滴水含量	0.1～1.0g/m³	
	液滴粒子直径	25～1000μm	
德国弗劳恩霍夫制造技术和先进材料研究所：IFAM（德国）	测试部分	0.20m×0.155m×0.95m	①防除冰测试；②涂层和冰附着力试验；③结冰过程以及表面热分布状况
	温度	−10～30℃	
	风速	35～95m/s	
	液滴水含量	0.9～6.0 g/m³	
中国空气动力研究与发展中心（CARDC）：结冰风洞（中国）	测试部分	0.3m×0.2m×0.65m	①零部件的研究与开发；②结冰测试技术开发；③风力机防除冰技术研究；④飞机机翼结冰机理；⑤飞机部件和结冰仪器试验
	风速	最大风速 210m/s（模拟 7000m 高度）	
中国空气动力研究与发展中心（CARDC）：3m×2m 结冰风洞（中国）	测试部分	3m×2m	①零部件的研究与开发；②结冰测试技术开发；③风力机防除冰技术研究；④飞机机翼结冰机理；⑤飞机部件和结冰仪器试验

续表

设施名称与国家	参 数		可测试内容
丹麦科技大学：气候风洞（丹麦）	测试部分	2.0m×2.0m×5.0m	①土木工程，如桥梁与建筑物；②海洋船舶与结构；③船舶与海洋结构
	温度	大于−5℃	
	风速	最大风速25m/s	
	液滴水含量	0.4～1.0g/m³	
	液滴粒子直径	10～50μm	
意大利航空航天研究中心（CIRA）：结冰风洞（意大利）	测试部分	2.4m×2.3m×7.0m	①飞机发动机进气道；②风道截面；③飞机起落架；④飞机结冰防护系统测试与验证
	温度	大于−40℃	
	风速	最大风速220m/s	
	液滴水含量	0.3～2.0g/m³	
	液滴粒子直径	18～40μm	
艾奥瓦州立大学：科学与技术结冰风洞（IRT）（美国）	测试部分	0.4m×0.4m×2.0m	①飞机结冰物理研究与风能应用；②防除冰应用的研究与发展工作
	温度	−30～+20℃	
	风速	5～60m/s	
	液滴水含量	0.05～10g/m³	
	液滴粒子直径	10～50μm	
美国宇航局格伦研究中心：结冰研究风洞（IRT）（美国）	测试部分	1.83m×2.74m×6.10m	①全尺寸飞机部件测试：模型飞机与直升机；②飞机防结冰的发展，测试与验证方法
	温度	−38～+10℃	
	风速	25～180m/s	
	液滴水含量	0.2～3g/m³	
	液滴粒子直径	15～50μm	
宾夕法尼亚州立大学：结冰风洞实验室（美国）	测试部分	（该数据暂未对外公布）m×1.4m×（该数据暂未对外公布)m	①结冰冰层离心试验；②除冰试验
	温度	−25～+20℃	
	风速	25～180m/s	
	液滴水含量	1.0～5.0g/m³	
	液滴粒子直径	10～50μm	
冯·卡门研究所（VKI）：低温风洞（CWT−1）（比利时）	测试部分	0.1m×0.3m×1.6m	①模拟飞机起飞时薄膜防冰液在飞机机翼上的运动；②飞机用防除冰液研究；③除冰用多孔翼板上的水蒸气的加热研究
	温度	最低温度−40℃	
	风速	最大风速75m/s	
	液滴水含量	1.0g/m³	
	液滴粒子直径	80～160μm	
克兰菲尔德大学：结冰风洞（美国）	测试部分	0.76m×0.76m×（该数据暂未对外公布）m	①飞机燃料中冰的形成研究；②混合冰对飞机引擎和探测仪影响研究；③燃气涡轮机的防冰
	温度	−30～+30℃	
	风速	35～170m/s	
	液滴水含量	0.05～3.0g/m³	
	液滴粒子直径	15～80μm	

设施名称与国家	参 数		可 测 试 内 容
金沢大学：KAIT 结冰风洞（日本）	测试部分	0.3m×0.1m×1.0m（封闭式）	①测试和开发超声波风速风向传感器；②测试防除冰装置，结冰探测器；③测试防冰涂料
		0.5m×0.5m（开放式）	
	温度	最低温度−30℃	
	风速	0～95m/s	
	液滴水含量	0.1～1.0g/m³	
	液滴粒子直径	最大粒径 40μm	
国家地球科学与防灾研究所－冰雪研究中心：冰冻圈环境模拟器（CES）（日本）	测试部分	3m×5m（工作台）	①温度及太阳辐射对沉积雪特征影响；②风吹雪的过程机理；③在斜坡上沉积雪运动及雪崩发生机制；④建筑物周围积雪
	温度	−30～+25℃	
	风速	0～10m/s	

3.2.2　冰风洞参数测量

在冰风洞试验之前，需要先较准风洞的气动性能，确定液滴粒子直径、液滴水含量与喷雾系统控制变量和来流速度的对应关系，并选定水雾均匀的区域作为试验区。结冰试验时，先调节风洞中的空气温度、压力和流速达到试验所需值；然后开启喷雾系统并开始计时，达到结冰时间后关闭喷雾系统、制冷系统和动力系统，试验结束。

可以发现，要想进行准确的结冰试验，冰风洞的参数标定是必需的，主要包括压力、速度、温度、液态水含量（LWC）及平均液滴粒子直径（MVD）。

1. 压力测试

静压测试是在气流管道的壁面或模型的表面沿法线开孔进而测量静压，该方法受扰动小，测量精度高，结构简单。测量总压时在测量位置放置一根正对气流方向开口的总压管（皮托管），进入总压管的气流动压减小为零，静压是总压管开口位置的局部总压。常见压力测试仪器有液压式压力测试仪（如 U 形管压力计）、弹性式测压表（如弹簧管压力表、膜片压力表、波纹管压力表）和电测试压力传感器（压阻式、应变式、压电式、电容式、电磁式、振动式压力传感器）等。

2. 风速测试

测量风洞中空气气流流速的装置主要有风速管、热线式风速仪和激光多普勒测速仪。

风速管是通过测量来流的总压和静压，再根据伯努利方程计算空气的流速的装置。风速管是由皮托管演变而来的，由不相同的内管和外管组成，内管测量来流的总压；距总压口一定距离的管壁四周开有小孔，用于测量来流的静压，如图 3-5 所示。

热线风速仪是利用气流速度与气流散热能力的对应关系的测速仪器。其中传感器探头是一个通电后被加热的细金属丝线，当气流通过时将带走一定的热量，通过热量与流体的关系即可算出流速。热线风速仪可分为：

（1）电流不变，热线电压随流速变化的恒流式热线风速仪。

（2）温度不变，热线电流随速度变化的恒温式热线风速仪。

激光多普勒测速法（Laser Doppler Velocimetry，LDV）是测量通过激光探头示踪粒

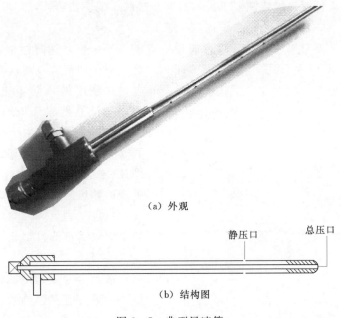

（a）外观

静压口　　　　总压口

（b）结构图

图 3 - 5　典型风速管

子的多普勒信号，再根据速度与多普勒频率的关系得到速度。由于是激光测量，对于流场没有干扰，测速范围宽，而且多普勒频率与速度是线性关系，与该点的温度、压力没有关系，所以是当前测速精度最高的仪器。

粒子图像测速法（Particle Image Velocimetry，PIV），是 20 世纪 70 年代发展起来的一种瞬态、多点、无接触式的流体力学测速方法。PIV 技术除向流场散布示踪粒子外，所有测量装置并不介入流场。另外 PIV 技术具有较高的测量精度。PIV 测速方法分为多个种类，无论何种形式的 PIV，其速度测量都依赖散布在流场中的示踪粒子，PIV 法测速都是通过测量示踪粒子在已知的很短时间间隔的位移来间接测量流场的瞬态速度分布。若示踪粒子有足够高的流动跟随性，示踪粒子的运动就能真实的反应流场的运动状态，因此示踪粒子在 PIV 测速中非常重要。

压力测试与速度测试在常规风洞的研究中已经相对成熟，需要指出，相对冰风洞而言，压力测试与速度测试装置要配装相对应的防除冰装置。同时对于粒子图像测速法可将冰风洞中的过冷水滴当作示踪粒子使用。

3.温度测试

温度测试包括气道温度测试及试验模型表面温度测试。其测温方法包括热电偶式温度传感器测温及红外热成像仪测温。热电偶原理是指：在两种金属组成的回路中，如果接触点的温度不同，在回路中将产生电动势。其中用于测温的接触点叫做工作端，制成温度传感头；另一个接触点叫做补偿端，与温度显示仪表或热电偶测温仪器连接，显示热电偶产生的热电势或直接处理为温度值。

红外热像仪通过红外探测器将物体辐射的红外能量转换成电信号，一一对应地模拟扫描物体表面温度的空间分布，经计算机处理后得到与物体表面热分布相对应的热像图。红外测温技术改变了传统接触式测温手段，具有非接触、响应快等特点，可实时测量物体表面的温度变化且不会对气流场产生干扰。

保持低温是结冰时冰风洞与常规风洞最主要的区别，也是衡量冰风洞性能的重要指

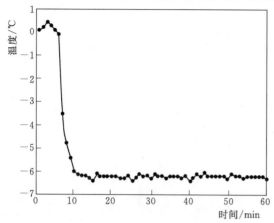

图 3-6　典型风速管风洞开启后 1h 内温度变化

标。对于回流式风洞，由于冰风洞闭路，气道是密闭的且配装先进的制冷设备，可以保证其低温环境且温度变化稳定。但对于开路风洞，由于是利用自然低温，其是否能保证低温环境受到人们的质疑，图 3-6 给出了东北农业大学的利用自然低温的冰风洞开启 1h 试验段温度变化情况，可以发现，利用自然低温的冰风洞完全可以满足低温要求。

4. 液态水含量测试

液态水含量是结冰、防冰实验中的重要参数，直接影响着冰模型表面结冰情况。常用的液态水含量测试方法包含以下三种。

（1）计算法。假设水滴没有蒸发、沉降，并且云雾均匀地分布在整个风道空间内，可以认为由水滴发生装置喷出的水为云雾的总流量，再除以冰风洞中空气的体积，即得到液态水含量。这种方法可以粗略估计冰风洞中的液态水含量，但是误差较大。

（2）热线测量法。热线式测量法通过感受收集过冷水滴的加热电阻丝上的偏差信号来计算液态水含量，其原理与热线风速仪相似。热线测量法的优点在于可以实时测量空气中液态水含量且精度更高。目前常用的液态水含量测量仪有 J-W（Johnson Williams）热线仪、CSIRO-King 热线仪和 Nevzorov 热线仪等，按其工作方式可分为恒压式和恒温式。

恒压式测量仪的工作原理是利用两根热线，其中一个主感应线垂直于来流安装，并施加恒定电压使收集的水滴蒸发，热线温度降低并导致其电阻降低；另一根热线平行于气流安装，并有防护以免接触来流中的水滴，用来补偿来流温度、密度和速度的变化。通过测量两根热线组成的电桥中偏差信号，计算来流的液态水含量。

恒温式测量仪的传感器为铜质线圈，电流通过线圈使其温度恒定，通过测量线圈保持恒温额外消耗的电能即可计算出液态水含量。

（3）积冰法。在试验段安装特定形状的收集装置，通过计算测量装置上的结冰量来计算液态水含量，收集装置可以是旋转圆柱体，也可以是刀片状结构，如图 3-7 所示。

旋转圆柱体可以是单圆柱体，也可以是多圆柱体。对于旋转的圆柱体，当其以一定速度绕轴心转动，使所收集的过冷水滴均匀的在圆柱表面结冰，使结冰后的外形仍保持圆柱，便于测量每一结冰圆柱尺寸。取下冰形，然后根据结冰量与圆柱体直径、水滴参数、风速、温度、结冰时间等参数的关系，获得相应的液态水含量信息。同理，将冰刀置于风洞中也可以获得相同试验结果。

采用由冰刀法衍生而来的栅格对试验段结冰的液态水含量进行标定，其推算方法如下：

结冰是由于过冷水滴碰撞到物面而导致的，在物体外形和空气绕流条件一定的情况

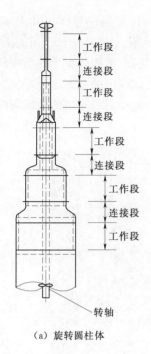

（a）旋转圆柱体

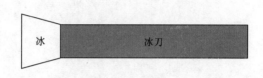

（b）刀片状结构

图 3-7 液态水收集装置

下，水滴的运动轨迹只和水滴的粒径有关系。在所有运动轨迹中，物体上下表面最远撞击点所对应的轨迹为极限轨迹。位于极限轨迹之间的水滴会与物面碰撞，而在极限轨迹之外的水滴，将绕过物体。记水滴的收集系数为 E_m，对于单位宽度 d 的栅格棱条而言，远场中两条极限轨迹之间的距离为 Δy，则有

$$E_m = \frac{\Delta y}{d} \tag{3-1}$$

假设来流速度为 v，在极限轨迹间的水滴在单位时间内和单位宽度上的结冰质量为 M_i，则有

$$M_i = E_m \cdot LWC \cdot L \cdot v - M_e \tag{3-2}$$

式中　M_e——单位时间物体表面蒸发量；

　　　　v——来流速度；

　　　　L——单位展长；

　　　LWC——液态水含量。

由于栅格棱的宽度较小，故在标定规程中取 $\Delta y = d$，即 $E_m = 1$，同时忽略表面蒸发量，即 $M_e = 0$，则式（3-2）可以变换为

$$\rho_{ice} \cdot L \cdot h_i = LWC \cdot L \cdot v \tag{3-3}$$

式中　ρ_{ice}——冰的密度（试验过程中实时测量）；

　　　　h_i——栅格棱条上结冰厚度。

整理得任意栅格棱条处的 LWC 为

$$LWC = \frac{\rho_{ice} h_i}{v} \tag{3-4}$$

图 3-8 所示为进行标定过程中所用的栅格的例子，该栅格的整体尺寸为 568mm×568mm，栅格的横、纵棱的中心间距为 80mm，横、纵棱的宽度为 8mm。在结冰试验条件下，将栅格放入试验段中进行结冰试验，获得一定时间的结冰栅格棱上的结冰厚度，根据位于极限轨迹之间的水滴与物面碰撞结冰原理，计算出试验段的液态水分布情况。为减小试验误差，可以对同种工况下栅格结冰进行 3 次以上的试验，取平均值为风洞的液态水含量值。

图 3-8　结冰厚度测试用栅格

图 3-9 给出了风速为 4.5m/s 下的三种液态水分布云图。在冰风洞的试验段的中心部分产生了 150mm×150mm 的均匀区域，在该范围内可进行静态叶片的结冰试验研究。同时，围绕中心形成多个液态水含量相近的环形区域，在该区域内可进行风力机叶片段的旋转结冰试验。

5. 水滴粒子直径测试

水滴粒子直径测量一般是通过采样空间的过冷水滴进行捕获或拍照手段，进而进一步分析出水滴尺寸。水滴粒子直径测量最初是通过滑板式水滴收集器，使水滴打在涂有硅油的玻璃板上再通过显微观察得到不同水滴尺寸组，然后计算水滴有效直径，或者是利用专用的水滴摄影系统，收集过冷水滴并拍摄，观察水滴分布。

随着测量技术的进步，新的光学仪器也应用到冰风洞水滴有效直径的测量中。其中典型的有前向散射分光测量仪、光学阵列测量仪及相位多普勒粒子分析仪。应用较广泛的为相位多普勒粒子分析仪，其测量水滴直径的原理是：当球形粒子通过两束激光束相交处时，散射光会在空间形成明暗相间的干涉条纹，并且这些边缘干涉条纹会随着粒子的运动位置而改变。通过对某一时刻接收器表面的光强分布进行计算，可以获得干涉条纹的各项

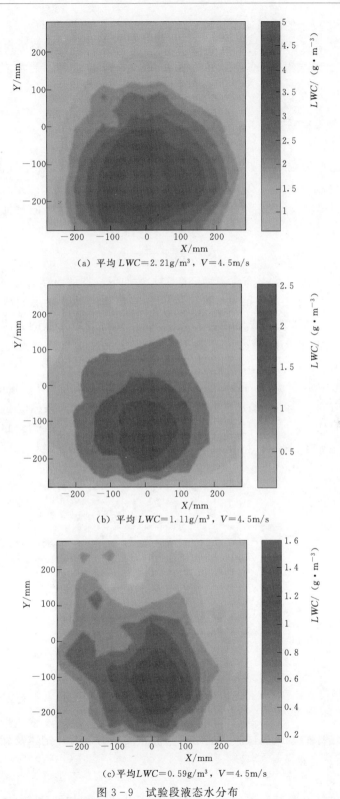

(a) 平均 $LWC=2.21g/m^3$，$V=4.5m/s$

(b) 平均 $LWC=1.11g/m^3$，$V=4.5m/s$

(c) 平均 $LWC=0.59g/m^3$，$V=4.5m/s$

图 3-9 试验段液态水分布

特征，从而计算出粒子的运动速度和尺寸。

同理，水滴粒子直径的测量也可以通过积冰法测量。其分析思路为：测量 Δt 结冰时间内，速度 v 对应任意碰撞物面位置 s_n 处的结冰厚度为 h_n，在此基础上 h_n 的表达式可以写为

$$h_n = \frac{\beta_n \cdot LWC \cdot v \cdot \Delta T}{\rho} \qquad (3-5)$$

式中　β_n——局部收集系数；

　　　ρ——密度；

　　　β_n——任意碰撞物面位置 s_n 处的水滴收集率，在物体外形和空气流动一定情况下，任意碰撞物面 s_n 处的水滴收集率只和水滴直径有关。

定义水滴撞击的起始位置 s_0，s_n 表示碰撞点距离起始位置 s_0 的物面曲面距离，此处的局部收集系数 β_n 满足

$$\beta_n = \frac{h_n \rho}{LWC \cdot v \cdot \Delta t} \qquad (3-6)$$

针对上述特性对冰风洞水滴粒子直径标定方法如下：选取典型外形（圆柱）进行风洞试验，测得多个碰撞物面 s_n 处的结冰厚度 h_n，得到局部撞击极限 β_n 与碰撞物面 s_n 的关系曲线 $\beta_{n0} = \beta(s_n)$；针对冰风洞试验的空气绕流条件，通过数值计算的方法获得不同粒径所对应的局部撞击极限 β_n 与碰撞物面 s_n 的关系曲线 $\beta_{nm} = \beta(s_n)$；将试验测量的关系曲线 $\beta_{n0} = \beta(s_n)$ 与多条关系曲线 $\beta_{nm} = \beta(s_n)$ 进行比对，最终得出水滴粒径分布情况。

图 3-10 所示为试验获得的局部收集系数曲线与数值仿真计算获得的 $MVD = 20\mu m$、$MVD = 30\mu m$、$MVD = 50\mu m$ 的局部收集系数曲线的比较。可以发现，试验获得的局部收集系数曲线介于 $MVD = 30\mu m$ 与 $MVD = 50\mu m$ 的局部收集系数曲线之间，可以推断出该喷雾系统产生的水滴粒子介于 $30 \sim 50\mu m$ 之间，满足常规试验要求。

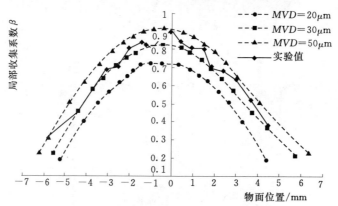

图 3-10　不同粒子直径下的局部收集曲线

3.2.3　冰风洞结冰试验

对于风力机结冰的冰风洞试验，通常分为静止的风力机叶片结冰及旋转的风力机叶片结冰。

1. 静止叶片结冰

静止的叶片结冰试验是依据运动的相对性原理和流动相似性原理。根据相对性原理，

风力机叶片翼型在静止不动的空气中运动受到的空气动力与风力机叶片翼型静止不动，空气以同样的速度反方向吹来两者的作用是相同的。同时由于风力机叶片的翼型迎风面积较大，使迎风面积如此大的气流以相当于飞行速度吹来，消耗的能量是巨大的，根据几何相似原理通常将翼型做成小尺寸模型。在某些相似参数一致时即可根据试验结果推测出真实的情况。

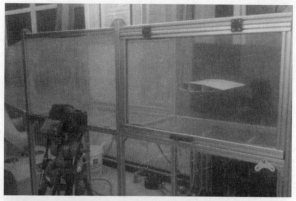

静态叶片结冰试验台如图 3-11 所示，将试验用叶片固定在风洞的试验段内，其转动角度可调，在其结冰过程中通过相机拍摄叶片的结冰情况。

试验给出了不同工况下叶片的结冰情况。所选用的叶片为 NACA0018

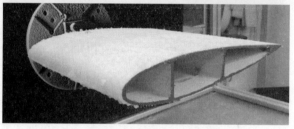

图 3-11　静止叶片结冰试验台

翼型，玻璃钢叶片，弦长 $c=300\text{mm}$。对三种液态含水量的静止叶片进行试验，首先为液态水含量为 0.5g/m^3 的静止叶片结冰情况，其结冰条件见表 3-2。其中图 3-12 为该工况下 0°攻角及 10°攻角结冰情况，图 3-13 为该工况下 20°攻角及 30°攻角的结冰情况。

表 3-2　结　冰　条　件

试验叶片	叶片攻角 α /(°)	结冰时间 t /min	来流风速 v /(m·s^{-1})	温度 T /℃	平均水滴粒子直径 MVD /μm
NACA0018 玻璃钢	0、10、20、30	0、6、12、18、24、30	4.5	−8	40

接下来是液态水含量为 1g/m^3 的静止叶片结冰情况。其中图 3-14 为该工况下 0°攻角及 10°攻角结冰情况，图 3-15 为该工况下 20°攻角及 30°攻角的结冰情况，其结冰条件见表 3-2。

再下面为液态水含量为 2g/m^3 的静止叶片结冰情况。其中图 3-16 为该工况下 0°攻角结冰情况。可以发现在该工况下撞击到叶片表面的过冷水滴不能完全冻结，而产生了冰溜，类似于冻雨现象。

2. 旋转叶片

由于风力机叶片做的是旋转运动，虽然在风力机叶片气动设计过程中常将叶片翼型看做平动进行设计，但是结冰过程中，液滴撞击到风力机叶片并凝结的过程中始终受到旋转的离心力作用，其结冰外形也相应地受到影响。针对旋转过程中叶片结冰风洞试验在国内的研究报道还较少。

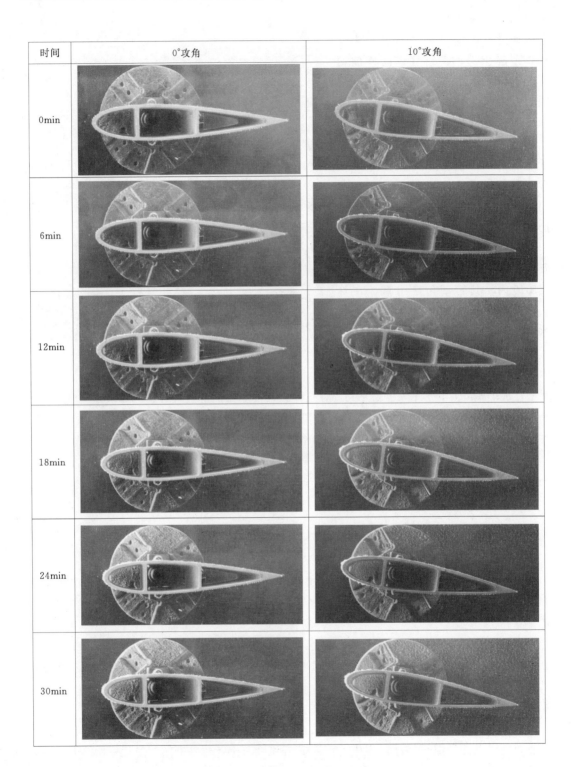

图 3-12　0°攻角及 10°攻角结冰情况

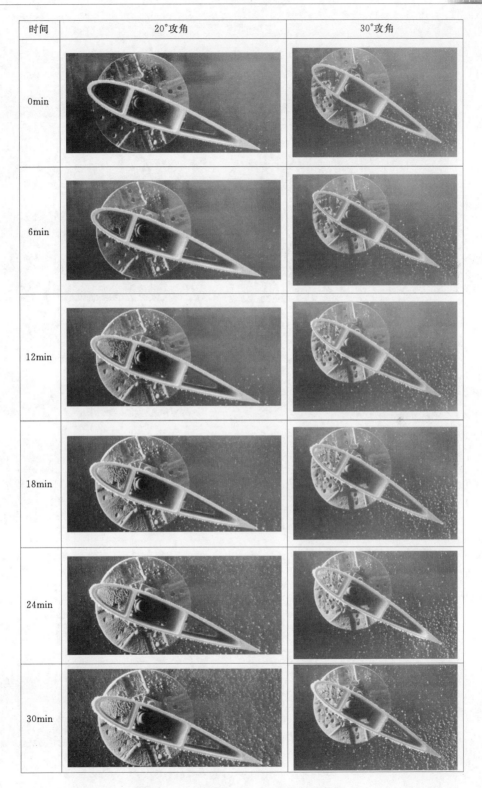

图 3-13　20°攻角及 30°攻角的结冰情况

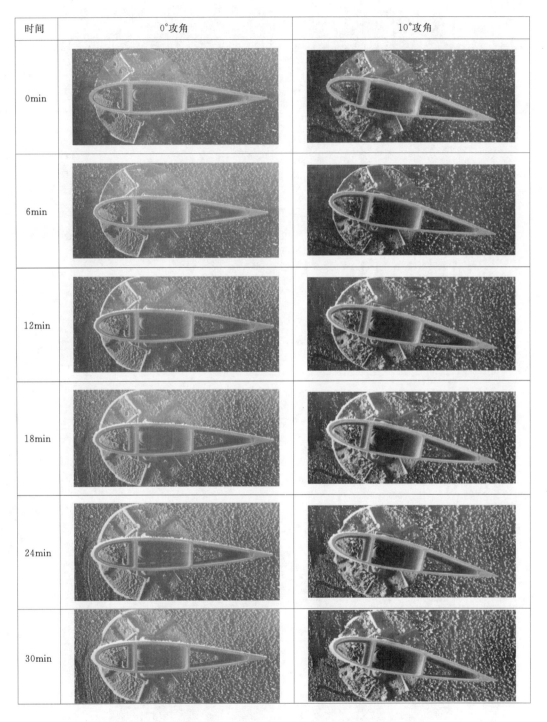

图 3-14　0°攻角及 10°攻角结冰情况

时间	20°攻角	30°攻角
0min		
6min		
12min		
18min		
24min		
30min		

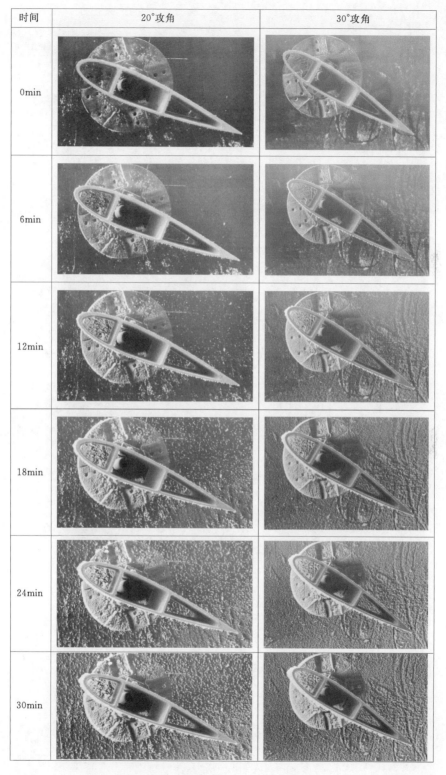

图 3-15 20°攻角及 30°攻角的结冰情况

时间	0°攻角
0min	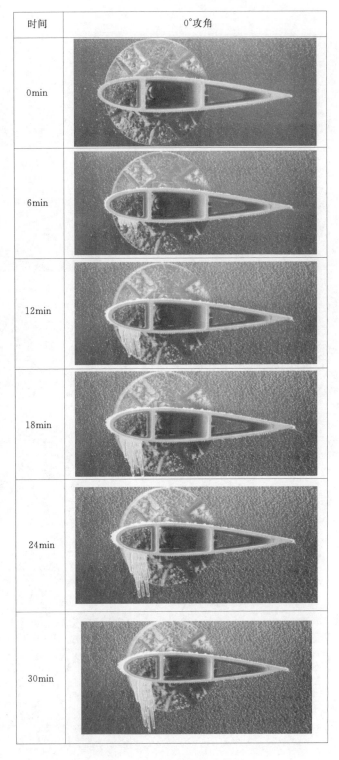
6min	
12min	
18min	
24min	
30min	

图 3-16 0°攻角的结冰情况

利用东北农业大学设计的旋转叶片试验台如图 3-17 所示。模型固定在试验台的旋转梁上，转轴后接调频电机用以控制模型绕轴的转速。调频电机位于气道外部不影响结冰，旋转部分位于气道内部。试验过程中，模型随着转轴做圆周运动，利用高速摄像机（美国 Phantom v5.1，分辨率 1024×1024 像素）拍摄模型结冰。

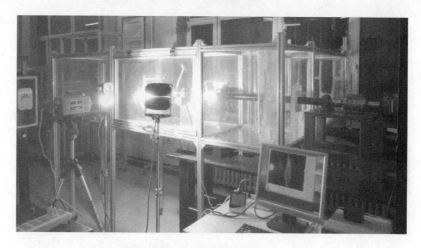

图 3-17 结冰试验台

进行旋转模型结冰时，通常选择外形简单的圆柱模型进行前期试验，寻找结冰规律，然后再进行旋转叶片试验。选用的圆柱模型如图 3-18 所示，材质为铝制，直径分别为 20mm、30mm 及 40mm。

图 3-18 圆柱模型

旋转圆柱试验的参数见表 3-3。

表 3-3 试 验 条 件

试验圆柱直径 ϕ/mm	结冰时间 t/min	转速 ω /(r·min^{-1})	来流风速 v /(m·s^{-1})	温度 T/℃	液态水含量 LWC /(g·m^{-3})	平均水滴粒子直径 MVD/μm	旋转直径 D/mm
20、30、40	5、10	100、200、400、600、800	4.54	—8	0.5	40	500

试验结果如图 3-19 所示。

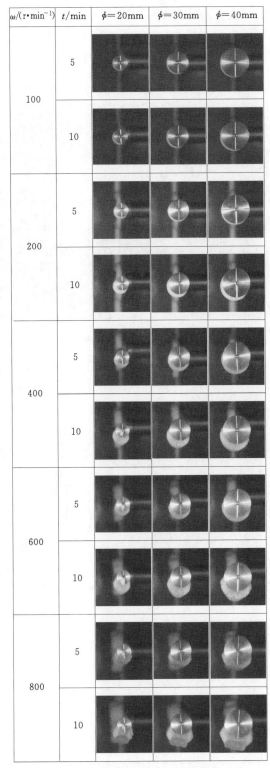

图 3-19　旋转圆柱结冰试验结果

在进行完旋转圆柱结冰试验后进行了旋转叶片试验，所选用的试验模型如图3-20所示，分别为NACA0018翼型，铝制叶片，弦长 $c=100$mm；S809翼型，铝制叶片，弦长为100mm；NACA0018翼型，玻璃钢叶片，弦长为125mm。

（a）NACA0018铝制叶片

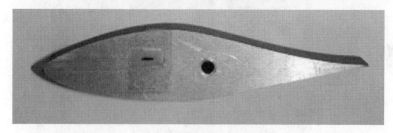

（b）S809铝制叶片

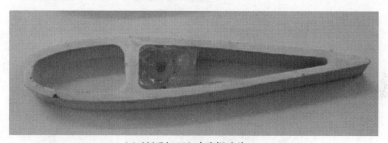

（c）NACA0018玻璃钢叶片

图3-20　试验用叶片模型

旋转叶片试验的参数见表3-4。

表3-4　试　验　参　数

试验叶片	结冰时间 t/min	转速 ω/(r·min^{-1})	来流风速 U/(m·s^{-1})	温度 T/℃	液态水含量 LWC/(g·m^{-3})	平均水滴粒子直径 MVD/μm	旋转直径 D/mm
NACA0018铝制	5	200	4.54	-8	0.5	40	500
S809铝制		400					
NACA0018玻璃钢	10	600					
		800					

图3-21为NACA0018翼型，铝制叶片，弦长 $c=100$mm在不同转速下的积冰分布情况；图3-22为NACA0018翼型，玻璃钢叶片，弦长 $c=125$mm在不同转速下的积冰分布情况；图3-23为S809翼型，铝制叶片，弦长 $c=100$mm在不同转速下的积冰分布情况。

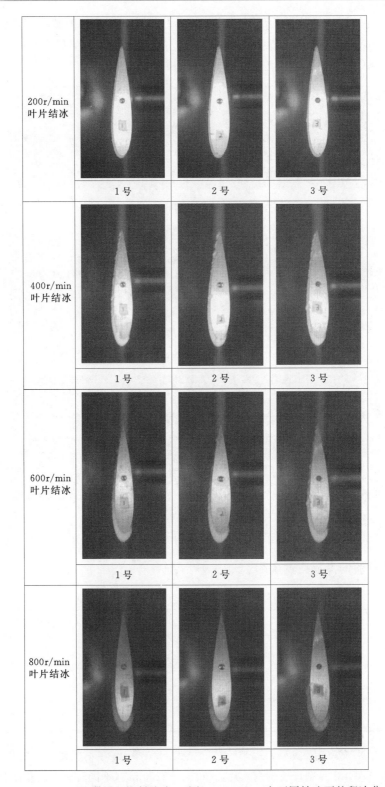

图 3-21　NACA0018 翼型，铝制叶片，弦长 $c=100\text{mm}$ 在不同转速下的积冰分布情况

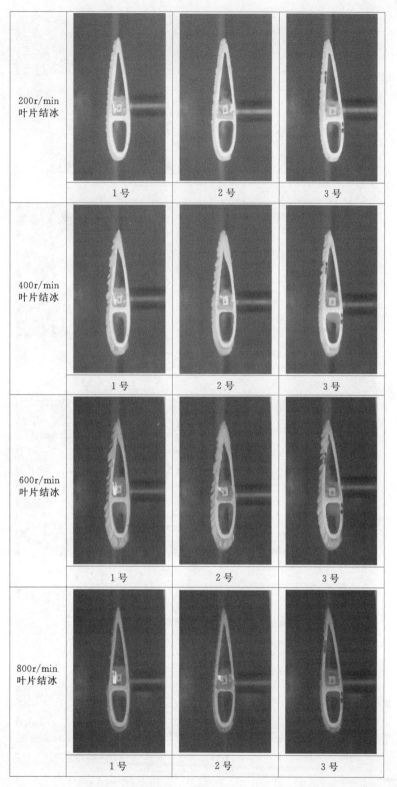

图 3-22　NACA0018 翼型，玻璃钢叶片，弦长 $c=125\text{mm}$ 在不同转速下的积冰分布情况

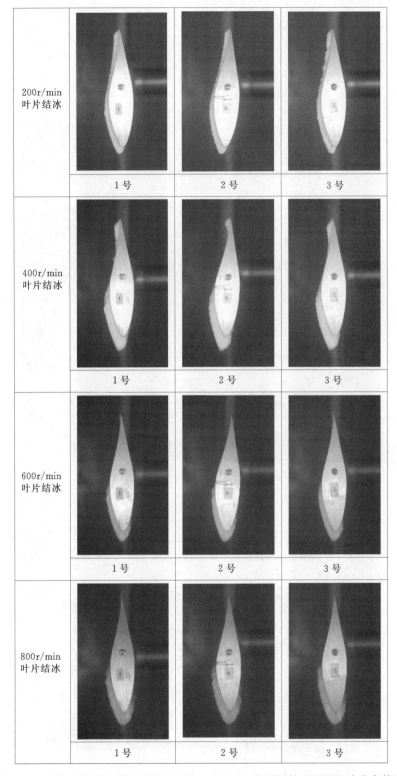

图 3－23　S809 翼型，铝制叶片，弦长 $c＝100\text{mm}$ 在不同转速下的积冰分布情况

3.2.4　叶片结冰相似准则

由于结冰风洞试验条件的限制，通常无法将全尺寸的部件或者模型放在试验段中进行结冰试验，尤其对于风力机，模拟其旋转状态与飞机的平动飞行又存在差异，进行全尺寸冰风洞试验显然是不可行的。研究者们就提出了改变试验模型尺寸和试验条件，使得冰风洞既能满足试验条件要求，同时又能获得真实条件下的试验结果。基于上述研究现状，提出了应用于冰风洞结冰相似理论。

结冰相似理论提出是基于飞机机翼的平动，后期衍化出适用于旋转翼的结冰。因此应当先对固定部件结冰试验准则进行研究，进而衍生至风力机旋转叶片结冰。

3.2.4.1　固定部件相似准则

建立积冰试验准则，就是通过研究定义影响积冰的相关参数，使两种不同的积冰情况，如果情况一与情况二的相关参数为常数时，通过情况一可以推测出情况二的结冰情况，则说明情况一与情况二相似。

因此，将风力机结冰数值计算分为三个步骤：流场计算，水滴运动及撞击特性计算及积冰热力学模型计算。通过对这个过程计算根据积冰相似准则分为四个部分：绕流流场；水滴运动轨迹及撞击特性；物面撞击水质量；结冰过程热力学模型。

1. 绕流流场相似要求

为了使几何相似物面上积冰外形也相似，物体绕流也是需要相似的。但是在大部分情况下，积冰的时速度相对较低，若按雷诺数相等要求，风力机叶片的风洞模型比实际尺寸小，则要求试验速度要大于真实速度，这就自然对其他参数选定增加困难。为克服这种情况，假定雷诺数不匹配导致流场差异对积冰的影响可以忽略，但要求试验速度必须大于雷诺数为 2.0×10^5 对应速度。

通过以上分析确定：试验模型叶片和全尺寸风力机叶片几何相似；试验速度大于雷诺数为 2.0×10^5 对应速度。

2. 水滴运动轨迹与撞击特性相似要求

在绕流流场相似后，水滴运动轨迹也要相似。在使水滴在全尺寸物体和缩比模型上的撞击区域相似，同时要满足撞击区域内的水滴收集率的分布一样。通过水滴运动方程来确定水滴运动相似参数。

在进行相似性分析时，忽略水滴的重力项，水滴运动方程为

$$m_\mathrm{d} \frac{\mathrm{d}\vec{U}_\mathrm{d}}{\mathrm{d}t} = 6\pi\mu_\mathrm{a} r_\mathrm{d}(\vec{U}_\mathrm{a} - \vec{U}_\mathrm{d}) \cdot \frac{C_\mathrm{D} Re}{24} \qquad (3-7)$$

式中　　m_d——水滴质量；

$\qquad$ r_d——水滴直径；

$\qquad$ C_D——阻力系数；

$\qquad$ Re——相对雷诺数；

$C_\mathrm{D} Re/24$——水滴所受阻力与斯托克斯公式计算相差程度，为使水滴运动轨迹符合斯托克斯公式，定义 $C_\mathrm{D} Re/24 = 1$。

将式（3-7）无量纲化，其中

$$\frac{\vec{U}_{d}}{v_{\infty}}=\vec{u}_{d},\frac{\vec{U}_{a}}{v_{\infty}}=\vec{u}_{a},\frac{tv_{\infty}}{L}=\tau \tag{3-8}$$

式中　v_{∞}——自由流速度；

　　　　L——特征长度。

式（3-7）进行如下转换：两端同乘 L/v_{∞}^{2}，右端分子分母同乘 $2r_{d}/\mu$，同时将 $m_{d}=(4/3)\pi r_{d}^{3}\rho_{d}$ 代入整理得

$$\frac{d\vec{u}_{d}}{d\tau}=\frac{C_{D}Re}{24}\frac{1}{K}(\vec{u}_{d}-\vec{u}_{a}) \tag{3-9}$$

其中水滴惯性常数为

$$K=\frac{2}{9}\frac{r^{2}\rho_{d}v_{\infty}}{\mu_{a}L} \tag{3-10}$$

对于形式一样的无量纲方程，当其系数相同时，有相同形式的解。对于给定相同的流场分布，只要 $\dfrac{K}{C_{D}Re/24}$ 的值相等，则水滴运动轨迹相似。

其中 $\dfrac{K}{C_{D}Re/24}$ 的值依赖过冷水滴与气流流场之间的速度差，在水滴运动过程中这个值会时刻发生变化，就需要用额外的参数替换 $\dfrac{K}{C_{D}Re/24}$，同时要求该参数与轨迹无关且由风力机结冰参数确定。

对于圆柱绕流，其阻力系数为雷诺数的函数，如图 3-24 所示，就可以得出函数 $C_{D}=f(Re)$ 的表达式。

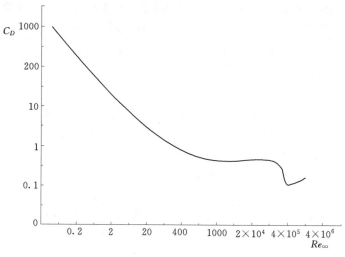

图 3-24　阻力系数随雷诺数变化曲线

为了定义水滴运动的相似参数，令

$$C_{D}=Re_{\infty}\gamma \tag{3-11}$$

其中 γ 为一定雷诺数范围内与图 3-24 相匹配的曲线值，为此取

$$\overline{K}=\frac{K}{Re_{\infty}\gamma} \tag{3-12}$$

作为水滴轨迹的相似参数，水滴运动轨迹和撞击特性相似可概括为

$$\overline{K}_m = \overline{K}_f \qquad (3-13)$$

3. 物面撞击水质量相似要求

水滴运动轨迹以及撞击特性相似使得碰撞在物体表面上的液态水质量分布也要相似，为了使积冰分布相似，物面上单位面积的碰撞水质量应该缩比，即

$$\left(\frac{m_{im}}{L}\right)_m = \left(\frac{m_{im}}{L}\right)_f \qquad (3-14)$$

$$m_{im} = LWC \cdot v_\infty \beta t \qquad (3-15)$$

式中　m_{im}——单位面积的撞击水质量；

　　　t——积冰时间；

　　　β——物体表面水滴局部收集系数。

引入聚集因子的概念，定义为

$$A_c = \frac{LWC \cdot v_\infty t}{\rho_i L} \qquad (3-16)$$

其中 ρ_i 为冰的密度，由于水滴轨迹相似且试验用风力机叶片为全尺寸缩比，因此有 $\beta_m = \beta_f$，此时将相同冰类型的密度定义为一样，因此只要聚集因子保持常数，就满足式（3-14）。

综上将聚集因子 A_c 作为相似参数，物面碰撞水质量相似的条件写为

$$(A_c)_m = (A_c)_f \qquad (3-17)$$

4. 热力学特性相似要求

在确认水滴撞击特性及撞击质量分布相似后，若结冰冰型为霜冰，即所有水在撞击时瞬间冻结，则全尺寸和缩比模型上的冰相似。对于明冰，之前的相似性要求还不足，为了使尺寸和缩比模型上的积冰具有相同类型、表面特征及密度，也要求积冰热力学相似。

有 Messinger 建立的积冰热力学模型，积冰表面任一控制体积中的热平衡方程为

$$\dot{m}_{im}\left[c_{p,w}(T_\infty - T_0) + \frac{v_\infty^2}{2}\right] = h_c\left(T_s - T_\infty - r_c\frac{v_\infty^2}{2c_{p,a}}\right) + n\dot{m}_{im}\left[c_{p,i}(T_s - T_0) - h_f\right]$$
$$+ (1-n)\dot{m}_{im}\left[c_{p,w}(T_s - T_0)\right] + \dot{m}_{va}h_v$$

$$(3-18)$$

式中　　　n——碰撞水冻结成冰的比例；

　　　　　h_c——对流传热系数；

　　　　　v_∞——远场来流速度；

　　　　　r_c——回复因子，一般取 0.875；

$\dot{m}_{im}$、$\dot{m}_{va}$——单位时间内单位面积上撞击水质量和蒸发水质量；

　　h_f、h_v——融解的潜热和蒸发潜热；

T_∞、T_s、T_0——空气温度、积冰表面温度和参考温度（单位取开尔文，K），其中 T_0 = 273.15K；

$c_{p,a}$、$c_{p,w}$、$c_{p,i}$——空气、水和冰的比热。

对于明冰，表面温度 $T_s = T_0 = 273.15$K，代入式（3-18），冰变换出比例表达式为

$$n = \frac{h_c\left(T_s - T_\infty - r_c\frac{v_\infty^2}{2c_{p,a}}\right) - \dot{m}_{im}\left[c_{p,w}(T_\infty - T_0) + \frac{v_\infty^2}{2}\right] + \dot{m}_{va}h_v}{\dot{m}_{im}h_f} \qquad (3-19)$$

将式（3-19）写为

$$n = \frac{c_{p,w}}{h_f}\left(\phi + \frac{1}{b}\theta\right) \tag{3-20}$$

其中，ϕ 为水滴能量传递势，其表达式为

$$\phi = T_0 - T_\infty - \frac{v_\infty^2}{2c_{p,w}} \tag{3-21}$$

θ 为空气能量传递势，其表达式为

$$\theta = T_s - T_\infty - r_c\frac{v_\infty^2}{2c_{p,a}} + \frac{\dot{m}_{va}}{h_c}h_v \tag{3-22}$$

b 为相对热因子，定义为

$$b = \frac{\dot{m}_{im}c_{p,w}}{h_c} = \frac{LWC \cdot v_\infty \cdot \beta c_{p,w}}{h_c} \tag{3-23}$$

式（3-20）中，n 和 b 为无量纲参数，θ 和 ϕ 具有温度的量纲，为了满足模型与全尺寸物体上积冰形状相似，即

$$n_m = n_f \tag{3-24}$$
$$b_m = b_f \tag{3-25}$$
$$\phi_m = \phi_f \tag{3-26}$$
$$\theta_m = \theta_f \tag{3-27}$$

通过上述的积冰试验相似性要求，给出了相似参数定义，积冰试验相似准则就是以上相似性的要求的综合，其数学表达为上述一系列相似参数为常数得到方程的组合。对于积冰试验还没有统一的通用准则，风力机叶片相似性研究最主要是尺寸缩比，即在缩比模型上的积冰与全尺寸上的积冰相似，使得在尺寸不大的试验设备中可以进行更大尺寸范围的试验。

风力机叶片积冰相似准则，是进行积冰缩比的理论基础，也是选取试验参数的依据。根据上述分析，选取积冰试验参数共有 7 个，包括风力机叶片尺寸、速度、压力、水滴直径、液态水含量、积冰时间和温度。现阶段出现了一些积冰相似准则，由于其侧重点不同，应用范围也不尽相同，主要有以下几种：

（1）液态水含量与时间积冰乘积为常值准则。该准则认为试验参数中，除了液态水含量和积冰时间可调节，别的试验参数（包括模型尺寸、速度、压力、温度和水滴尺寸）均与参考条件一致，要求苛刻，较少用于风洞试验中。

（2）Swedish-Russian 准则。由苏联及瑞典飞行安全联合研究小组提出，实现了试验模型和水滴尺寸缩比，将试验参考温度相等，不完全试验积冰热力学过程相似。

（3）ONERA 准则。允许液态水含量和水滴直径缩比外，还通过冻结比例和相热因子相等实现热力学过程相似，选取试验模型尺寸后，选择的试验参数包括速度、压力、水滴直径、液态水含量、积冰时间和温度 6 个量，约束方程共 4 个，该准则可以得到相似的霜冰，当压力合适的范围内时，可以得到相似的混合冰或明冰。

（4）AEDC 准则。与 ONERA 准则相似，将能量传递势和冻结比例一起作为相似参数。给定试验模型尺寸后，只有一个可自由选择的参数，通常该自由选择的参数为速度。采用上述方法选取试验参数，可以在试验参数模型和参考物体上得到相似的积冰，包括明

冰和混合冰。但是该准则只允许自由确定速度，其他参数需求解方程得到，若需要的速度不在风洞运行速度范围内，就无法实现。

在给定风力机试验模型尺寸后，需要选取的试验参数包括速度、压力、水滴直径、液态水含量、积冰时间和温度 6 个量，约束方程共 5 个，这样可以由两个自由选择的参数。该准则所确定的试验参数为

$$\left.\begin{array}{l} L_m = （自由选择） \\[4pt] v_m = （自由选择） \\[4pt] p_m = （自由选择）或（根据风洞环境） \\[4pt] d_m = d_f \left(\dfrac{L_m}{L_f}\right)^{0.5} \left(\dfrac{P_m}{P_f}\right) \left(\dfrac{v_m}{v_f}\right)^{-0.5} \\[10pt] LWC_m = LWC_f \left(\dfrac{L_m}{L_f}\right)^{-0.2} \left(\dfrac{P_m}{P_f}\right)^{0.8} \left(\dfrac{v_m}{v_f}\right)^{-0.2} \\[10pt] t_m q = t_f \left(\dfrac{L_m}{L_f}\right) \left(\dfrac{v_m}{v_f}\right) \left(\dfrac{LWC_m}{LWC_f}\right) \\[10pt] T_m = [由式（3-24）求得] \end{array}\right\} \qquad (3-28)$$

在积冰过程中，如果冰与物面表面之间的剪切力或冰层内部的剪切力超过临界值，则会出现冰脱落问题。由于剪切力与动压成正比，因此对于相同的积冰类型和外形，若模型和全尺寸物体上的动压相等，则冰脱落特性也将一致。

动压定义为

$$q = \frac{1}{2} \rho_a v_\infty^2 = \frac{\gamma}{2} p Ma^2 \qquad (3-29)$$

则有

$$q_m = q_f \qquad (3-30)$$

将式（3-29）代入式（3-30）中，可得

$$\frac{p_m}{p_f} = \frac{v_f^2}{v_m^2} \frac{T_m}{T_f} \qquad (3-31)$$

通过式（3-31）将压力选取与速度选取直接联系，改进后的相似准则为

$$q_m = q_f \qquad (3-32)$$

$$\overline{K}_m = \overline{K}_f \qquad (3-33)$$

$$\overline{A}_m = \overline{A}_f \qquad (3-34)$$

$$n_m = n_f \qquad (3-35)$$

$$b_m = b_f \qquad (3-36)$$

3.2.4.2　旋转叶片结冰相似准则

进行螺旋桨结冰试验时，除了需要给出与固定部件结冰试验相同的参数，还需给出一个额外的试验参数，即试验模型的旋转角速度。

对于螺旋桨叶片的任一截面翼型，其与空气的相对速度决定于叶片运动的线速度 u 和来流速度 v 定义角度因子 a 为 u 与 v 之比，即

$$a = \frac{u}{v} \tag{3-37}$$

根据流场相似的要求，绕翼型流动的迎角必须相同，即

$$a_m = a_f \tag{3-38}$$

旋转情况下，线速度与角速度的关系为

$$u = \omega r \tag{3-39}$$

式中　ω——旋转角速度；

　　　r——截面离转轴的距离。

将式（3-37）、式（3-38）代入式（3-39），得

$$\omega_m = \frac{v_m}{v_f}\frac{r_f}{r_m}\omega_f = \frac{v_m}{v_f}\frac{L_f}{L_m}\omega_f \tag{3-40}$$

其他试验参数的计算可以进行类似计算，但需要考虑旋转速度的影响，因此速度 v 应该改为旋转速度与来流速度的合速度 $\sqrt{v^2 + u^2}$。

$$\left.\begin{aligned}
& L_m = [自由选择] \\
& P_m = [自由选择] \\
& v_m = [自由选择] \\
& T_m = T_f + \frac{v_f^2 + (\omega_f r_f)^2}{2c_{p,w}} - \frac{v_m^2 + (\omega_m r_m)^2}{2c_{p,w}} \\
& LWC_m = LWC_f \frac{\theta_n}{\theta_{mf}} \frac{h_{c,m}}{h_{c,f}} \frac{\sqrt{v_f^2 + (\omega_f r_f)^2}}{\sqrt{v_m^2 + (\omega_m r_m)^2}} \\
& d_m = [由式(3-7)求得] \\
& t_m = t_f \frac{L_m}{L_f} \frac{LWC_f}{LWC_m} \frac{\sqrt{v_f^2 + (\omega_f r_f)^2}}{\sqrt{v_m^2 + (\omega_m r_m)^2}}
\end{aligned}\right\} \tag{3-41}$$

第4章 结冰对风力机性能影响计算研究

根据国内外风电场的实际观测显示，叶片结冰会对风力机的性能产生很大影响，包括气动特性和强度特性等。由于气候条件不同和风力机叶片自身参数不同，结冰后的风力机性能变化也有很大差别，本章主要介绍如何通过风力机气动特性分析理论、数值模拟方法、流固耦合方法等工具来计算和分析结冰后的叶片翼型和整机的气动特性变化以及叶片的载荷变化等内容。

4.1 二维结冰翼型气动性能变化

4.1.1 结冰计算方法

翼型是整个转子气动特性的重要影响因素。为准确获得翼型的气动数据，必须对二维结冰翼型进行仿真模拟。

1. 雷诺数

据黏性力流体动力学，可得到雷诺数的基本公式为

$$Re = \frac{vd}{\mu/\rho} \tag{4-1}$$

式中　　d——特征长度，m；

　　　　μ——流体的动力黏度，N·s/m^2。

其中　　　　　　　　　　　　　　$\mu = \nu/\rho \tag{4-2}$

式中　　ν——流体运动黏度，m^2/s；

　　　　ρ——空气密度，kg/m^3。

2. 湍流模型

在进行二维结冰叶片气动特性的计算中存在较多模型，如不考虑流体黏性效应的无黏模型（Inviscid）；适用于层流流动的层流模型（Laminar），适用于湍流的多个模型。其中结冰叶片多为湍流模型，主要包括一方程模型 Spalar - Allmaras 模型，该模型相对简单，用一个模型运输方程求解动态涡黏性，适用于解决固壁湍流问题。二方程模型中包含了湍流耗散率 ε、湍流动能 k 两个未知量，以及相应的输运微分方程。对于 k - ε 模型，又包含有适用于完全紊流的 Standard k - ε 模型，适用于复杂涡流的高雷诺数流动的 RNG k - ε 模型，处理流动分离及复杂二次流的 Realizable k - ε 模型。在二方程模型 k - ε 中令 $\omega = \varepsilon/k$，如此将 k - ε 中两个方程结合起来，获得 ω 方程。该模型下有两个子模型，分别为 Standard k - ε 模型和 SST k - ω 雷诺应力模型。还有应用于不可压缩流体运动的大涡模型 LES。在进行实际分析过程中，需要根据实际情况选择合适的模型进行计算。

3. 边界层

流体在大雷诺数下流动时，离固体壁面较远时黏性力比惯性力小得多，忽略不计。但黏性力的影响在固体壁面较近的薄层中不能忽略，速度梯度沿壁面法线方向比较大，形成的这个薄层叫做边界层。边界层厚度是指横断面上某点的流速等于来流速度的 99% 时，此点到固体表面的距离，一般用 δ 表示。图 4-1 为层流边界示意图。

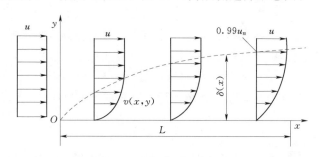

图 4-1　层流边界示意图

边界层用公式可表示如下：

（1）边界层厚度为

$$\delta = 5.0\sqrt{\frac{vx}{u}} = 5.0xRe_x^{-1/2} \tag{4-3}$$

（2）壁面剪切应力分布为

$$\tau = \frac{0.664\rho u}{\sqrt{Re_x}}\frac{}{2} \tag{4-4}$$

4. 网格划分

计算区域内的离散点就是网格。通过离散控制方程来计算流体力学，得到数值解也就是网格节点数据化。有限体积法、有限差分法和有限元法是三种主要的控制方程离散方法。

分析翼型周围的流动特性，需要定义一个离翼型较远的边界，这个边界与翼型弧线之

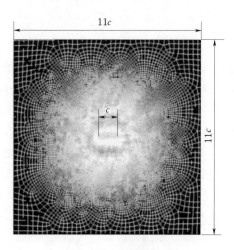

图 4-2　网格模型

间形成流动区域，在该流动区域划分网格。若要模拟结果接近实际，边界上的边界条件与周围环境一致，需要边界与翼型有适当距离。原则上说，边界离翼型越远，对流动的影响也就越小，计算结果的精确度也就越高，但是也会增加计算量。网格模型如图 4-2 所示，所选翼型为 NACA7715，风力机叶片的外围计算域为正方形，其边长为叶片弦长的 11 倍（11c），保证充分的计算空间。可选取距翼型前缘四分之一弦长并在翼弦上的一点为气动中心，取该点坐标为（0，0）且与正方形的计算域的中心点重合。

网格的划分是进行流体计算的重要步骤，能否划分出合理的网格直接影响到数值模拟计算的

准确性。在本例中，所进行的二维风力机叶片计算结构不复杂，一般采用四边形网格，网格越密，计算精度越高但相应的计算所需的时间越长，对于结构并不复杂的二维计算，网格无需过密，在保证精度的前提下也要尽量简短计算时间。各个时间段二维风力机叶片结冰网格划分如图4-3所示，在不结冰状态时叶片表面光滑，不进行网格加密，结冰后叶片形状曲折，划分网格困难，在其周围区域进行加密处理。

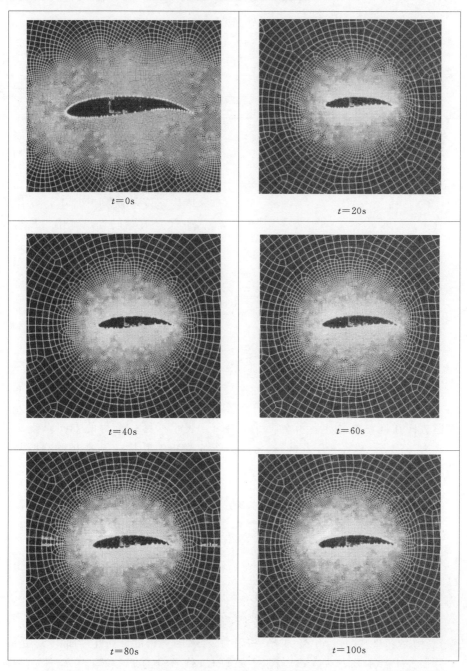

$t=0\text{s}$　　　　　　　　$t=20\text{s}$

$t=40\text{s}$　　　　　　　　$t=60\text{s}$

$t=80\text{s}$　　　　　　　　$t=100\text{s}$

图4-3　不同结冰工况网格划分

5. 边界条件

运动边界上方程组的解应该满足的条件叫做边界条件。CFD的计算结果不仅与模型有关，与边界条件的设置也密切相关。实际合理的边界条件是得到精确的流场解的前提。通过对翼型绕流的情况分析，其边界条件的设定见表4-1。

表4-1 边界条件设定

名称	包含的边线	类型
入口	AF、EF	VELOCITY_INLET
开口	AB、ED	VELOCITY_INLET
出口	CB、CD	PRESSURE_OUTLET
体	翼型上、下弧线	WALL

4.1.2　二维翼型气动特性

风力机叶片是由一系列的翼型组成，每一种翼型其受力，如图4-4所示。

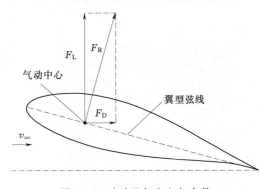

图4-4　叶片几何定义与参数

风以速度 v 吹到叶片上，叶片受到空气总动力 F 开始转动。其中，F 与风力机叶片和风的相对速度的方向有关，可表示为

$$F = \frac{1}{2}\rho C_\gamma S_y v^2 \qquad (4-5)$$

式中　ρ——空气的密度；

　　　C_γ——叶片的面积；

　　　S_y——空气动力系数。

在进行实际的分析中，我们常将空气总动力 F 分解成为两个力，一个力的方向与相对风速方向在同一直线上，称为阻力，用 F_D 表示；另一个力的方向垂直于相对风速，称为升力，用 F_L 表示。升力 F_L 通常就是指使静止的叶片在风速 V 吹在叶片上时使叶片转动的力。其中 F_L、F_D 可以表示为

$$\begin{cases} F_L = \frac{1}{2}\rho C_L S_y V^2 \\ F_D = \frac{1}{2}\rho C_D S_y V^2 \end{cases} \qquad (4-6)$$

式中　C_D——阻力系数；

　　　C_L——升力系数。

因为 F_D、F_L 两个分量是垂直的，故

$$F^2 = F_D^2 + F_L^2 C_\gamma^2 = C_D^2 + C_L^2 \qquad (4-7)$$

风吹在叶片上时使叶片产生升力 F_L 和阻力 F_D，因为密度 ρ 和叶片面积 S_y 是固定的，所以在实际研究中常用升力系数 C_L 与阻力系数 C_D 代替升力 F_L 和阻力 F_D 来反映该种叶片气动特性的好坏，即

$$\begin{cases} C_{L} = \dfrac{F_{L}}{\dfrac{1}{2}\rho S_{y}V^{2}} \\[4mm] C_{D} = \dfrac{F_{D}}{\dfrac{1}{2}\rho S_{y}V^{2}} \end{cases} \qquad (4-8)$$

同时，为了更好地反映翼型的气动特性的好坏，将升力与阻力的比值称为翼型的升阻比，用 L/D 来表示，即

$$\frac{L}{D} = \frac{F_{L}}{F_{D}} = \frac{C_{L}}{C_{D}} \qquad (4-9)$$

4.1.3 结冰对翼型气动特性影响

结冰前后叶片的阻力系数如图 4-5 所示，其中风力机叶片的阻力系数呈先下降后上升趋势，在迎风攻角由 $-10°$ 增加至 $0°$ 时，阻力系数由大变小，这是由于风力机叶片的迎风面积减小；在迎风攻角由 $0°$ 增加至 $20°$ 时，阻力系数由小变大，这是由于风力机叶片的迎风面积增大。比较风力机叶片不同结冰时间段的阻力系数可以发现，在相同攻角情况下，随着结冰时间的增加，风力机叶片的阻力系数也增加。

同理，分析风力机叶片的升力系数如图 4-6 所示，其中随着迎风攻角由 $-10°$ 增加至 $20°$，风力机的升力系数呈现上升趋势，在 $-10°\sim10°$ 的范围内，风力机叶片的升力系数增长较快，在 $10°\sim20°$ 的范围内，风力机叶片的升力系数增长变缓慢。比较风力机叶片不同结冰时间段的升力系数可以发现，在相同攻角情况下，随着结冰时间的增加，风力机叶片的升力系数降低。

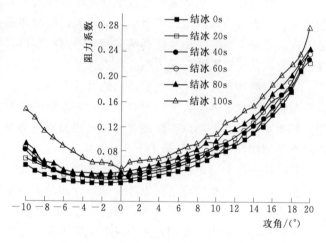

图 4-5 风力机叶片结冰前后阻力系数

通过前文内容分析可知，风力机叶片在实际工作中由升力、阻力共同作用，单纯分析风力机叶片结冰前后升、阻力的变化不足以直观地反映结冰前后风力机叶片的气动特性的变化，还需要对不同迎风攻角下的升阻比进行分析如图 4-7 所示。无论风力机叶片是否结冰，升阻比的变化趋势是随着迎风攻角的增加，升阻比逐渐上升，达到一定的峰值后开始下降。比较风力机叶片各个结冰时间段的升阻比变化趋势可以发现，在相同攻角情况下，随着结冰时间的增加，风力机叶片的升阻比都较前一个时间段有不同程度的下降。而在实际工作过程中，希望风力机叶片能够有较大的升阻比以获得较高的风能利用率。总之，风力机叶片表面结冰及降低风力机叶片的升阻比，破坏其原有的气动性，降低风能利用率。

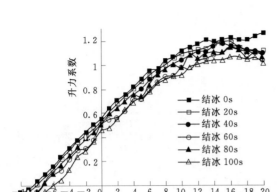

图 4 - 6　风力机叶片结冰前后升力系数

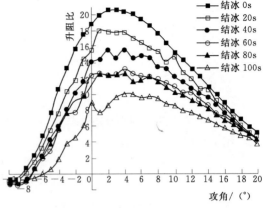

图 4 - 7　风力机叶片结冰前后升阻比

4.2　结冰风力机气动性能分析与载荷计算

风力机叶片覆冰后，根据其不同的覆冰强度制定相应的应对策略，选择停机或继续运转。若要继续运转，则结冰风力机不仅要承受强大的风载荷，还由于叶片覆冰导致叶片质量增大，重力载荷及惯性载荷也相应地增大，同时伴随大气紊流、风剪切、风向变化和塔影效应，对风力机的气动性能和结构疲劳寿命产生很大的影响。对结冰后的风力机气动特性分析与载荷计算研究对风力机叶片设计至关重要。

结冰后的叶片气动计算主要涉及的计算参数包括功率与功率系数、轴力与轴力系数、转矩与转矩系数。其中，通过对功率与功率系数的计算可以判断风能的捕获效率，通过转矩与转矩系数的计算可以匹配适合的变速箱及电机类型，通过轴力及轴力系数的计算可以为塔架的结构设计提供依据。

目前用于风力发电机气动载荷的主要方法有叶素—动量理论、计算流体力学（CFD）等方法。叶素—动量理论是假定叶片是由许多沿展向上的微段单元组成，将这些微段单元称为叶素，并假定相邻叶素之间没有干扰。这样每一个叶素就可以认为是一个二维的翼型，在这些叶素上求得作用在整个风轮上的力和力矩，算得旋翼的拉力和功率。而在进行结冰风力气动载荷分析过程中，将结冰后的二维翼型看作是单个叶素进行分析。动量—叶素理论形式比较简单，且计算量小，故而被广泛地应用于风力机设计和性能的计算。

CFD 数值计算是直接对流体运动进行数值模拟，数值求解 N - S 方程的 CFD 方法是最全面准确的计算风力机气动特性的方法。数值求解计算工作量大，不同计算模型得出结果具有较大差异，通常将 CFD 数值计算方法用于风力机设计完成后的验证工作，进行风力机 CFD 分析的相关参考资料较多，在本书中给出简单理论介绍及已有参考文献的典型计算结果。

4.2.1　叶素—动量理论气动特性计算方法

1. 动量理论

将叶片的有效扫掠面积看作是一个圆盘，称为致动盘，制动盘的两侧压力不连续，如

图 4-8 所示。

假定最简单的理想情况如下：

（1）风轮没有偏转角、倾斜角和锥度角，将风力机简化为平面圆盘。

（2）风力机旋转时所受摩擦力忽略不计。

（3）风轮流动模型简化为无数个单元流管。

（4）风轮前未受扰动的气流静压和风轮后的气流静压相等，即 $p_\infty = p_w$。

（5）作用于风轮上的推力是均匀的。

（6）不考虑风轮后的尾流旋转。

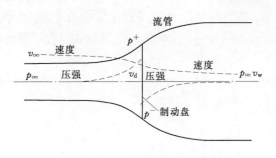

图 4-8 致动盘理论示意图

一维动量理论可用来描述作用在风轮上的力与来流速度之间的关系。盘面下风向的流管截面扩张是因为整个过程中气体的流率是保持一致的，单位时间内通过风轮的空气质量为 $\rho A v$。其中 ρ 为空气的密度；A 为管状截面积；v 为流速。由质量流率相等，可得

$$\rho A_\infty v_\infty = \rho A_d v_d = \rho A_w v_w \tag{4-10}$$

式（4-10）中变量下角含义为：∞ 表示上游无穷远处；d 表示圆盘面，w 表示尾流区域。

将一维动量方程用于风轮流管，可得到作用在风轮上的轴向力为

$$T = \dot{m}(v_\infty - v_w) \tag{4-11}$$

式中 $\dot{m}$——通过风轮的空气流量。

则有

$$\dot{m} = \rho A_d v_d \tag{4-12}$$

作用在风轮上的轴向力可写成

$$T = \rho A_d v(v_\infty - v_w) \tag{4-13}$$

$$T = A(p^+ - p^-) \tag{4-14}$$

式中 p^+——圆盘迎风面压力；

p^-——圆盘非迎风面压力。

由伯努力方程可得

$$\frac{1}{2}\rho v_\infty^2 + p_\infty = \frac{1}{2}\rho A_d^2 + p^+ \tag{4-15}$$

$$\frac{1}{2}\rho v_w^2 + p_w = \frac{1}{2}\rho A_d^2 + p^- \tag{4-16}$$

根据假设，式（4-15）与式（4-16）相减（其中 $p_\infty = p_w$）得

$$p^+ - p^- = \frac{1}{2}\rho(v_\infty^2 - v_w^2) \tag{4-17}$$

由式（4-13）、式（4-14）和式（4-17）可得

$$v_d = \frac{1}{2}(v_\infty + v_w) \tag{4-18}$$

式 (4 - 18) 表明通过风轮的风速是风轮前的风速和风轮后的尾流速度的平均值。在致动盘引入一个变化流速作用在空气上，用 $-av_\infty$ 表示，其中 a 为轴流诱导因子，在盘面处气体流速为

$$v_d = v_\infty(1-a) \tag{4-19}$$

由式 (4 - 18)、式 (4 - 19) 联立得

$$v_w = v_\infty(1-2a) \tag{4-20}$$

由式 (4 - 14)、式 (4 - 17)、式 (4 - 20) 联立可得轴向推力

$$T = \frac{1}{2}\rho A v_\infty^2 [4a(1-a)] \tag{4-21}$$

推力系数可表示为

$$C_T = \frac{T}{\frac{1}{2}\rho v_\infty^2 A} = 4a(1-a) \tag{4-22}$$

将轴向诱导因子 a 改写为

$$a = \frac{1}{2} - \frac{v_w}{2v_\infty} \tag{4-23}$$

式 (4 - 23) 表明，如果风轮全部吸收风的能量，即当 $v_w = 0$ 时，$a_{max} = \frac{1}{2}$，可在实际工作过程中风轮不能全部吸收风能，$v_w > 0$，所以 $a < \frac{1}{2}$。

根据能量方程，风轮吸收能量为风轮前后的气流动能差，即

$$P = \frac{1}{2}\dot{m}(v_\infty^2 - v_w^2) = 2\rho S v_\infty^3 a(1-a)^2 \tag{4-24}$$

则功率系数 C_P 可表示为

$$C_P = \frac{P}{\frac{1}{2}\rho S v_\infty^3} = 4a(1-a)^2 \tag{4-25}$$

由式 (4 - 22) 及式 (4 - 25) 联立可得 C_P 与 C_T 的关系为

$$C_P = C_T(1-a) \tag{4-26}$$

由式 (4 - 26) 可知，若求 C_P 得最大值，对式 (4 - 25) 求导

$$\frac{dC_P}{da} = 4(1-a)(1-3a) = 0 \tag{4-27}$$

即当 $a = \frac{1}{3}$ 时，C_P 取得最大值

$$C_{Pmax} = 4 \times \frac{1}{3} \times \left(1 - \frac{1}{3}\right)^2 = \frac{16}{27} = 0.593 \tag{4-28}$$

式 (4 - 28) 即为贝茨极限，即可以发现在不考虑风轮尾流的理想条件下，风轮最大风能利用率为 59.3%。图 4 - 9 给出了随着轴向诱导因子的增加功率系数与推力系数的变化情况，可以发现功率系数和推力系数均呈先增大后减小的趋势。

2. 尾流旋转模型

一维动量理论假定通过致动盘的流场自由轴向流动，没有考虑圆盘下游尾迹的旋转效

应，在实际工况中这显然不准确。在实际运行工况下，当气流推动风轮转动时，也会受到风轮的反作用，因此风轮的尾流是反方向旋转的；如果风轮轮处气流的角速度和风轮角速度相比较小，一维动量方程仍然可用，假设此时风轮前后气流静压相等。

将控制体积沿径向分为若干个流管，每个流管厚度 dr，即流管的截面积为 $2\pi rdr$。其径向尺寸沿流体运行方向逐渐变大如图 4-10 所示。

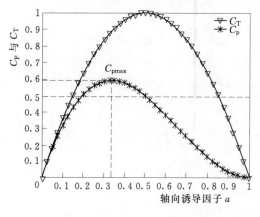

图 4-9　C_P 和 C_T 随轴向诱导因子变化曲线图

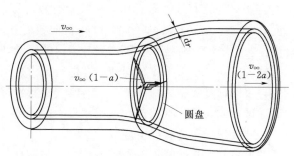

图 4-10　流管示意图

对于风轮轴上的小圆环 $(r+dr)$，满足

$$dT = d\dot{m}(v_\infty - v_w) \tag{4-29}$$

$$d\dot{m} = \rho v dS = 2\pi \rho v_d r dr \tag{4-30}$$

若式（4-20）仍成立，则有

$$dT = 4\pi r\rho v_\infty^2 a(1-a)dr \tag{4-31}$$

于是作用在整个风轮上的轴向力为

$$T = \int dT = 4\pi\rho v_\infty^2 \int_0^R a(1-a)rdr \tag{4-32}$$

由动量矩方程，作用在该圆环上的转矩为

$$dM = d\dot{m}(v_t r) = 2\pi\rho\omega v_d r^3 dr \tag{4-33}$$

式中　v_t——风轮叶片 r 处的周向诱导速度，$v_t = \omega r$；

　　　ω——风轮叶片 r 处的周向诱导角速度。

假设周向诱导因子 $b = \omega/2\Omega$，Ω 为风轮转动角速度，则有 $w = 2b\Omega$，联立式（4-19）与式（4-33）可得

$$dM = 4\pi\rho v_\infty(1-a)b\Omega r^3 dr \tag{4-34}$$

于是作用在整个风轮上的转矩为

$$M = \int dM = 4\pi\rho v_\infty\Omega \int_0^R (1-a)br^3 dr \tag{4-35}$$

因此风轮轴功率为

$$P = \int dP = \int \Omega dM = 4\pi\rho v_\infty\Omega^2 \int_0^R (1-a)br^3 dr \tag{4-36}$$

引入叶尖速比 $\lambda = \dfrac{r\Omega}{V_\infty}$，$A = \pi r^2$，则

$$P = \frac{1}{2}\rho A V_\infty^3 \cdot 8\lambda^2 / R^4 \cdot \int_0^R (1-a) b r^3 \, \mathrm{d}r \tag{4-37}$$

风能利用系数为

$$C_P = 8\lambda^2 / R^4 \int_0^R (1-a) b r^3 \, \mathrm{d}r \tag{4-38}$$

可以发现，考虑风轮后尾流旋转时，风轮功率会有损失，功率系数也要减小。

3. 叶素理论

利用片条方法将风轮叶片切割为 N 等份，假定风轮叶片在半径 r 处的一个微段的长度为 $\mathrm{d}r$，通常将该微段看作一份叶素。假定每一份叶素 $\mathrm{d}r$ 翼型是一致的，由于其旋转速度 Ωr，弦长 c 及扭转角不同，叶片径向各处气动特性存在差异，各叶素翼型的气动特性可由航空翼型分析技术手段得到各工况的气动特性，较之整根叶片，叶素理论为其气动分析提供很好的技术手段。同理，在进行风力机结冰计算中，通过二维数值计算或冰风洞试验，获得二维翼型的结冰情况，对其气动特性进行分析，这样就解决了整根叶片无法进行结冰试验或通过三维数值计算工作量大的问题。

叶素理论主要有以下假设：

(1) 作用在叶素上的力和力矩都只与该处叶素剖面翼型升力与阻力有关。

(2) 作用在每个叶素上的力由该处风速进行计算，相邻叶素之间没有干扰。

(3) 叶素上气流为二维流动。

假定任意 N 叶片的水平轴风力机，其叶轮半径为 R，桨距角为 β，叶片各截面弦长和扭角沿轴线变化。叶片旋转的角速度为 Ω，来流速度为 v_∞。距离转轴处叶素有效风速为 $v_\infty(1-a)$，如图 4-11 所示，叶素气流速度和空气动力分量如图 4-12 所示。

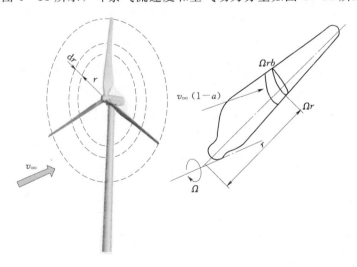

图 4-11　圆环形叶素单元

考虑风轮后尾流旋转时，风轮上叶片 r 的轴向速度和圆周速度为

$$v = v_\infty(1-a) \tag{4-39}$$

周向速度为

$$u = \Omega r(1+b) \tag{4-40}$$

式中　b——周向诱导因子。

可得在气流作用在叶素上的合速度为

$$w=\sqrt{v^2+u^2}=\sqrt{v_\infty(1-a)^2+[\Omega r(1+b)]^2}$$
(4-41)

叶素处来流角（入流角）ψ 和攻角 α 分别为

$$\psi=\tan^{-1}\frac{v_\infty(1-a)}{\Omega r(1+b)} \qquad (4-42)$$

$$\alpha=\psi-\beta \qquad (4-43)$$

由翼型的空气动力学可知，翼型的升力垂直于合成速度 W 方向，阻力平行于 W 方向。若翼型的升力系数 C_L 和阻力系数 C_D 已知，则叶素单位长度上升力 L 和阻力 D，则关系为

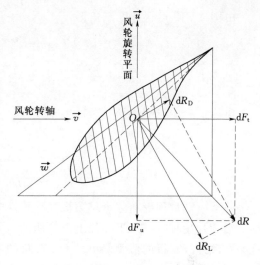

图 4-12　叶素受力示意图

$$C_L=\frac{1}{2}\rho W^2 c C_L \qquad (4-44)$$

$$C_D=\frac{1}{2}\rho W^2 c C_D \qquad (4-45)$$

可得到作用在风轮平面圆环上的轴力和转矩为

$$dT=NdF_v=\frac{1}{2}\rho Nlw^2 C_n dr \qquad (4-46)$$

$$dM=rNdF_u=\frac{1}{2}\rho Nlrw^2 C_t dr \qquad (4-47)$$

其中

$$C_n=C_L\cos\psi+C_D\sin\psi \qquad (4-48)$$

$$C_t=C_L\sin\psi+C_D\cos\psi \qquad (4-49)$$

4. 叶素—动量理论

叶素—动量理论结合动量理论和叶素理论，可计算出旋转面中的轴向诱导因子 a 和周向诱导因子 b。

进行叶素—动量理论时需要假设各个叶素单元作用是相互独立的，各个圆环之间没有径向干扰，轴向诱导因子 a 并不沿径向方向改变。

由式（4-31）及式（4-46）联立可得

$$a(1-a)=\frac{Nl}{2\pi r}\frac{C_n w^2}{4v_\infty^2}=\sigma\frac{C_n w^2}{4v_\infty^2} \qquad (4-50)$$

由式（4-34）及式（4-47）可得

$$(1-a)b=\frac{Nl}{2\pi r}\frac{C_t w^2}{4\Omega r v_\infty}=\sigma\frac{C_r w^2}{4\Omega r v_\infty} \qquad (4-51)$$

其中 σ 为风轮实度，

$$\sigma=\frac{Nl}{2\pi r} \qquad (4-52)$$

由图 4 - 12 可得速度三角形

$$\sin\psi = \frac{v}{w} = \frac{v_\infty(1-a)}{w} \tag{4-53}$$

$$\cos\psi = \frac{u}{w} = \frac{\Omega r(1+b)}{w} \tag{4-54}$$

由式（4 - 50）～式（4 - 54）可得

$$\frac{a}{1-a} = \sigma \frac{C_n}{4\sin^2\psi} \tag{4-55}$$

$$\frac{b}{1+b} = \sigma \frac{C_t}{2\sin 2\psi} \tag{4-56}$$

叶素—动量理论在分析风力机气动特性时并没有考虑叶尖和轮毂气流沿叶片径向的流动，当叶片旋转时，由于叶片上下表面的压力差，在叶尖和轮毂的气流会产生二次流动，这会导致计算获得的值要偏小。由于叶尖的叶素受力对整个风力机性能的影响较大，所以叶尖损失不能忽视；轮毂部分由于周线速度点较低，空气阻力大而升力小，二次流动更加明显，因此需要做轮毂损失修正。普朗特损失因子修正了翼型气动分析中关于叶片长度无穷尽的假设。对叶尖和轮毂的空气流动做了研究，提出了叶尖损失系数 F_{tip} 和轮毂损失系数 F_{hub} 分别为

$$F_{tip} = \frac{2}{\pi}\arccos e^{\frac{N(R-r)}{2r\sin\psi}} \tag{4-57}$$

$$F_{hub} = \frac{2}{\pi}\arccos e^{\frac{N(r-R_{hub})}{2r\sin\psi}} \tag{4-58}$$

总损失系数为

$$F = F_{tip}F_{hub} \tag{4-59}$$

于是式（4 - 55）与式（4 - 56）修正为

$$\frac{a}{1-a} = \sigma \frac{C_n}{4F\sin^2\psi} \tag{4-60}$$

$$\frac{b}{1+b} = \sigma \frac{C_t}{2F\sin\psi} \tag{4-61}$$

修改后的动量理论的轴力、转矩和功率系数分别为

$$T = 4\pi\rho V_\infty^2\int_0^R a(1-a)Fr\,\mathrm{d}r = 2\pi R^2\rho v_\infty^2 a(1-a)F \tag{4-62}$$

$$M = 4\pi\rho v_\infty\Omega\int_0^R (1-a)bFr^3\,\mathrm{d}r = \pi R^4\rho v_\infty\Omega(1-a)bF \tag{4-63}$$

$$C_P = 8\lambda^2/R^4\int_0^R (1-a)bFr^3\,\mathrm{d}r = 2\lambda^2(1-a)bF \tag{4-64}$$

当轴向速度诱导因子 $a>0.2$，风轮工作在湍流尾流状态，承受非常重的负载，与实际情况不符，这时需要对动量理论进行修正。引入葛劳渥特修正法，当 $a>a_c$ 时，轴向速度诱导因子表达式为

$$a = \frac{1}{2}\left[2+k(1-a_c)\right] - \sqrt{\left[2+k(1-a_c)\right]^2 + 4(ka_c^2-1)} \tag{4-65}$$

其中

$$k = \frac{8\pi r F \sin^2 \psi}{Nl} \tag{4-66}$$

式中　a_c——轴向速度诱导因子修正临界点，通常取 $a_c > 0.2$。

当轴向诱导因子 $a_c > 0.38$ 时，采用威尔森修正方法，式（4-60）可代替为

$$\frac{0.587 + 0.96a}{(1-a)^2} = \sigma \frac{C_n}{4F\sin^2\psi} \tag{4-67}$$

对动量—叶素理论具体实施步骤进行如下说明：

（1）将长度为 R 的叶片分割成 N 等份，形成 N 份相互独立的叶素，并确定每份叶素代表的翼型。

（2）独立确定每一份叶素，假定轴向诱导因子 a 和周向诱导因子 b 的初值。

（3）根据式（4-42）计算叶素翼型处来流角（入流角）ψ。

（4）根据式（4-43）确定叶素翼型局部攻角。

（5）从数据库中读取各翼型升阻力系数关于攻角的变化关系；在结冰风力机计算中是读取结冰后翼型的升阻力变化情况。

（6）根据式（4-48）及式（4-49）计算法向力系数 C_n 和切向力系数 C_t。

（7）根据式（4-59）计算总的损失系数 F。

（8）计算新的 a、b 值。

（9）比较新的 a、b 值和原来的 a、b 值，如果误差小于设定的误差值，则认为求出 a、b 值，停止迭代；否则用新的 a、b 值代替原来 a、b 值，回到第二步重新计算。计算中，若 $a > 0.2$ 时，利用式（4-65）计算，若 $a > 0.38$ 时，利用式（4-67）计算。

5. 风力机计算坐标建立

对于实际工作中的风力机，风轮转轴与水平面有一个夹角——仰角，叶片与风轮扫掠面也有一个夹角——锥角。为建立风力机的气动性能模型，必须要考虑风力机实际工作时的结构参数，才能准确的计算叶素在实际位置的风速分量。而进行上述工作的基础是建立风力机坐标系统。

风力机坐标系如图 4-13 所示。以风力机塔架中心 O 为原点建立塔架惯性坐标系 S，Z 轴垂直地面向下，Y 轴与风轮转轴同轴，X 轴和 Y 轴形成水平面；设风轮转轴与水平面的仰角为 χ，将塔架坐标绕 X 轴旋转 χ 角得到机舱坐标系 S_n；设塔架中心距轮毂中心距离为 L，将机舱坐标系沿 Y_n 轴平移 L 得到轮毂坐标系 S_h；设方位角 θ 表示风轮在旋转过程中所处的位置，将轮毂坐标系 S_h 绕 Y_h 轴旋转 θ 角，得到风轮坐标系 S_r；设叶片与风轮扫略面的锥角 β 角得到叶片坐标系 S_p（为了避免坐标系混乱，图 4-13 中没有画出 Y_p 轴）。图 4-13 中的风力机

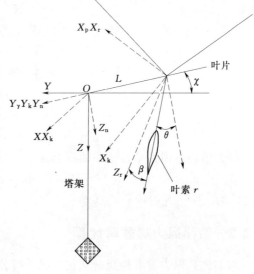

图 4-13　风力机坐标系

坐标系是一个有机联系的整体，通过齐次坐标可以表示各坐标系之间的转换关系为

$$S=[X \quad Y \quad Z \quad 1]^{T}$$

$$\begin{cases} S_{n}=K_{x}S \\ S_{h}=K_{L}S_{n} \\ S_{r}=K_{\theta}S_{h} \\ S_{b}=K_{r}S_{r} \end{cases} \tag{4-68}$$

其中

$$K_{x}=\begin{bmatrix} 1 & 0 & 0 & 0 \\ 0 & \cos\chi & \sin\chi & 0 \\ 0 & -\sin\chi & \cos\chi & 0 \\ 0 & 0 & 0 & 1 \end{bmatrix}$$

$$K_{L}=\begin{bmatrix} 1 & 0 & 0 & 0 \\ 0 & 1 & 0 & L \\ 0 & 0 & 1 & 0 \\ 0 & 0 & 0 & 1 \end{bmatrix} \tag{4-69}$$

$$K_{\theta}=\begin{bmatrix} \cos\theta & 0 & -\sin\theta & 0 \\ 0 & 1 & 0 & 0 \\ \sin\theta & 0 & \cos\theta & 0 \\ 0 & 0 & 0 & 1 \end{bmatrix}$$

$$K_{\gamma}=\begin{bmatrix} 1 & 0 & 0 & 0 \\ 0 & \cos\beta & \sin\beta & 0 \\ 0 & -\sin\beta & \cos\beta & 0 \\ 0 & 0 & 0 & 1 \end{bmatrix} \tag{4-70}$$

$$S=K_{\chi}^{-1}K_{L}^{-1}K_{\theta}^{-1}K_{\beta}^{-1}S_{p} \tag{4-71}$$

在叶片坐标系中，方位角为 θ 的叶片上距轮毂中心距离为 r 的叶素的形心坐标为

$$[X_{p}Y_{p}Z_{p}]^{T}=[0 \quad 0 \quad r]^{T} \tag{4-72}$$

由式（4-68）可得叶素形心在惯性坐标系中的坐标为

$$\begin{bmatrix} X \\ Y \\ Z \end{bmatrix}=\begin{bmatrix} r\sin\theta\cos\beta \\ -(r\cos\chi\sin\beta+r\sin\chi\cos\theta\cos\beta+L\cos\chi) \\ -(r\sin\chi\sin\beta+r\cos\chi\cos\theta\cos\beta+L\sin\chi) \end{bmatrix} \tag{4-73}$$

叶素形心在惯性坐标系中的高度为

$$H=H_{hub}+r\sin\chi\sin\beta-r\cos\chi\cos\theta\cos\beta \tag{4-74}$$

式中　　H_{hub}——轮毂中心的高度。

4.2.2　结冰风力机载荷计算

对结冰后风力发电机载荷变化情况进行分析，必须要了解正常工作情况下风力机会受到哪些载荷作用。由于风力载荷是风力设计和认证的重要依据，用于对风力机进行静强度

和疲劳分析，因此研究风力载荷情况非常必要。目前国际上有很多关于风力发电机组的标准。

4.2.2.1　载荷分类

由于风力发电机在复杂的外界环境下所承受的载荷情况非常多，根据风力机运行状态随时间的变化，将载荷情况划分为静态载荷、动态载荷和随机载荷；根据载荷的性质，将风力机载荷分为静载荷、定常载荷、周期载荷、瞬态载荷、脉冲载荷、随机载荷与和谐载荷；根据载荷的特点，将载荷分为空气动力载荷、重力载荷、惯性载荷及其他载荷，风力机叶片结冰时主要是对上述三种载荷改变，因此需按载荷分类进行研究。

4.2.2.2　载荷计算

对风力机及其零部件所受载荷进行计算，根据风力机系统的机构形式、运动特点和计算需要，首先建立风力机的坐标系，其次建立风力机运行环境—风模型，最后建立风力机模型。风力机模型包括几何模型、空气动力模型和传动系统模型等，其中空气动力模型就是基于叶素—动量理论建立的。

风力机结冰时风速一般为正常风速，因此对正常风模型进行介绍，在进行风力机载荷计算时，风速廓线可用指数率表示为

$$v = v_{\infty}\left(\frac{Z}{H_{\mathrm{h}}}\right)^{\gamma} \tag{4-75}$$

式中　v——高度为 Z 处的平均风速；

　　　v_{∞}——参考高度处的平均风速，一般取参考高度为 H_{h}；

　　　γ——风速轮廓线指数，与地面粗糙度有关，通常取 $\gamma = 0.2$。

此时，风轮旋转平面处未受扰动的来流速度分布可表示为

$$v(r,\theta) = v_{\mathrm{h}}\left(1 + \frac{r\cos\theta}{H_{\mathrm{h}}}\right)^{\gamma} \tag{4-76}$$

式中　r——在风轮旋转平面内的某点与轮毂中心的距离；

　　　θ——该点在风轮旋转平面内的方位角，正上方时为 $0°$；

　　　v_{h}——轮毂高度 H_{R} 处来流速度。

在标准风力机安全等级情况下，风力机载荷计算时湍流模型应满足以下要求：

（1）纵向脉动速度的均方根值为

$$\sigma_{\mathrm{u}} = \varepsilon_{15}\frac{15 + av_{\mathrm{h}}}{a + 1} \tag{4-77}$$

式中　ε_{15}——风速 15m/s 时湍流强度；

　　　a——湍流系数。

（2）纵向脉动速度功率谱为

$$S_{\mathrm{u}} = 0.005\sigma_{\mathrm{u}}^{2}\left(\frac{\varLambda_{\mathrm{u}}}{V_{\mathrm{h}}}\right)^{-\frac{2}{3}} n^{-\frac{5}{3}} \tag{4-78}$$

式中　$\varLambda_{\mathrm{u}}$——纵向湍流尺度参数，当 $H_{\mathrm{h}} < 30\mathrm{m}$ 时，$\varLambda_{\mathrm{u}} = 0.7H_{\mathrm{h}}$；当 $H_{\mathrm{h}} \geqslant 30\mathrm{m}$ 时，$\varLambda_{\mathrm{u}} = 21$。

4.2.2.3　叶片上的载荷

1. 空气动力载荷

作用在叶片上的空气动力是风力机最主要的动力来源，也是各个零部件载荷的主要来

源，主要包括挥舞方向和摆振方向的剪力和弯矩，以及变桨距时与变桨距力矩平衡的叶片俯仰力矩。叶片的气动载荷根据上一章节的叶素—动量理论计算，求出周向诱导因子和轴向诱导因子，再求出叶素上的气流速度三角形及作用在叶素上的法向力 $\mathrm{d}F_n$ 和切向力 $\mathrm{d}F_t$，然后通过积分求出作用在叶片上的气动载荷。

作用在风轮上的轴向推力为

$$T = \frac{1}{2}\int_{r_0}^{R} \rho N l w^2 C_n \mathrm{d}r \tag{4-79}$$

作用在风轮轴上的扭矩为

$$M = \frac{1}{2}\int_{r_0}^{R} \rho N l w^2 C_r \mathrm{d}r \tag{4-80}$$

摆振方向的剪力与弯矩为

$$Q_{摆} = \frac{1}{2}\int_{r_0}^{R} \rho v_\infty^2 l C_t \mathrm{d}r \tag{4-81}$$

$$M_{摆} = \frac{1}{2}\int_{r_0}^{R} \rho v_\infty^2 l C_n r \mathrm{d}r \tag{4-82}$$

挥舞方向的剪力与弯矩为

$$Q_{挥} = \frac{1}{2}\int_{r_0}^{R} \rho v_\infty^2 l C_n \mathrm{d}r \tag{4-83}$$

$$M_{挥} = \frac{1}{2}\int_{r_0}^{R} \rho v_\infty^2 l C_t r \mathrm{d}r \tag{4-84}$$

式中　R——风轮半径；

　　　r_0——轮毂半径。

一般翼型的空气动力数据都是相对于翼型 1/4 弦位置，则叶片的变距力矩可表示为

$$M_{俯} = \frac{1}{2}\int_{r_0}^{R} \{\rho v_\infty^2 l^2 [C_M + (C_L\cos\alpha + C_D\sin\alpha)(\overline{Y} - 0.25)]\}\mathrm{d}r \tag{4-85}$$

式中　$\overline{Y}$——变距轴线到翼型剖面前缘距离与弦长的比值；

　　　α——叶片安装角。

2. 重力载荷

叶片在转动过程中始终承受重力的作用，重力载荷对叶片产生的摆振方向的弯矩，且随着叶片方位角 θ 的变化呈周期性变化，是叶片主要疲劳载荷。由于仰角 χ 的存在，所以还要考虑重力在风轮旋转面上的分量如下：

重力对叶片产生的拉力为

$$F_{拉} = \int_{r_0}^{R} mg\cos\theta\cos\chi \mathrm{d}r \tag{4-86}$$

重力对叶片产生的剪力为

$$F_{剪} = -\int_{r_0}^{R} mg\sin\theta\cos\chi \mathrm{d}r \tag{4-87}$$

重力对叶片产生的弯矩为

$$M_{弯} = -\int_{r_0}^{R} (r-r_0)mg\cos\theta\cos\chi \mathrm{d}r \tag{4-88}$$

重力对叶片产生的扭矩为

$$M_{扭} = -\int_{r_0}^{R} mg(Z_G - Z_c) dr \tag{4-89}$$

式中 m——叶片单位长度的质量；

       Z_G——叶片重心与叶轮中心的距离；

       Z_c——叶片扭转中心与叶轮中心的距离。

3. 惯性载荷

风力机实际运行中，叶轮绕主轴不停地旋转而产生巨大的惯性载荷，惯性载荷主要包括离心力载荷与科氏力载荷。

（1）离心力载荷。离心率载荷作用在翼型剖面的重心上，其方向总是沿着叶片展向向外，与重力载荷相互作用给叶片带来较大的作用力。叶片上由离心力产生的挥舞弯矩表示为

$$M_{离} = \int_{r_0}^{R} m_i \Delta l_i \Omega^2 r dr \tag{4-90}$$

式中 m_i——叶片上每段叶素的质量；

       Δl_i——第 i 段叶素偏离风轮旋转平面的距离；

       Ω——风轮转动角速度。

（2）科氏力载荷。当风轮旋转并作偏航运动时，叶片上产生垂直于风轮旋转面的科氏力载荷。设风轮顺时针旋转速度为 Ω，偏航时顺时针旋转速度为 Λ，则由科氏力产生的挥舞弯矩可表示为

$$M_{科} = 2\Omega\Lambda\cos\theta\int_{r_0}^{R} m_i r^2 dr = 2\Omega\Lambda\cos\theta I_b \tag{4-91}$$

式中 I_b——叶片相对叶根的惯性矩；

       θ——叶片的方位角。

4. 塔架上的其他载荷

风力机塔架所承受的载荷除塔架自重外，主要有发电机组的重力，来自作用在风轮上的载荷和风载荷，通过风轮作用于塔架的载荷包括气动推力、偏转力矩和陀螺力矩等。结冰对塔架的影响较小，塔架结冰后的载荷不作分析。

由于风轮偏心、风速分布不均匀而使塔架产生俯仰力矩，偏航时产生陀螺力矩，俯仰力矩和脱落力矩对塔架的影响不容忽视，所以在计算载荷时要考虑这两种载荷，因风速存在垂直梯度而产生的俯仰力矩为

$$M_{塔俯} = \frac{8}{81}\rho\pi R^3(V_{顶}^2 - V_{底}^2) \tag{4-92}$$

式中 $V_{顶}$——塔架顶部的平均风速；

       $V_{底}$——塔架底部的平均风速。

风轮发生偏航时产生的陀螺旋转力矩是塔架偏航力矩的主要组成部分，陀螺力矩有三个分量。

作用在风轮轴上的陀螺力矩为

$$M_0 = 0.5J\Omega^2\omega\sin2\theta \tag{4-93}$$

作用在叶片上的陀螺力矩为

$$M_b = -J\Omega\omega\sin2\theta \tag{4-94}$$

作用在偏航轴上的陀螺力矩为

$$M_p = M_b = -J\Omega\omega\sin2\theta \tag{4-95}$$

式中 J——叶片上对 X_p 轴的转动惯量；

      θ——叶片的扭转角。

作用在风力机叶片上的其他载荷还包括轮毂上的载荷、主轴上的载荷、机舱上的载荷及操纵载荷。结冰对这些载荷的影响主要体现在结冰改变了叶片的空气动力载荷及叶片单位长度上的质量，因此导致塔架上其他载荷的改变。

分析风力机设计载荷都是参考一个特殊的运行条件进行，即叶片只要能满足这个运行条件就能满足其他实际条件。然而，现行的风力机设计通常不考虑结冰后产生的载荷变化，所以对于运行在结冰区域的风力机，必须要适应更宽的运行条件，才能够使风力机处于正常运行状况。

需要指出的是，塔架上其他载荷计算方法没有考虑到风力机气动弹性模型，当考虑风力机气动弹性时，由于风力机的一些部件，如叶片、塔架会产生动力响应，从而产生交变载荷，还需要通过相关软件进行专门分析。

4.2.3 结冰对叶片结构影响

通过上述研究，常规的大型水平轴风力发电机组即使在正常风况下运行，所受的载荷非常复杂，在风力机设计之初就应对主要的零部件进行强度分析、结构力学特性分析及寿命计算，确保风力机能够在其使用寿命内正常运行。叶片作为风力机吸收风能的重要部件，承受着大部分的动态和静态载荷，其结构强度和稳定性对风力发电机组的可靠性起着非常重要的作用。对叶片的强度和刚度校核是风力机叶片设计中不可缺少的部分，其中通过有限元理论对风力机叶片结构进行分析成为主流趋势。

当叶片覆冰后，由于冰块改变叶片质量分布和刚度分布，影响叶片结构力学中的矩阵特征，进而改变其相关特性。这些工作在现有的风力机设计中还没有被提及。

4.2.3.1 静强度分析

1. 最小势能原理

势能 E 为弹性应变能 U 和外力势能 W 的差

$$E = U - W \tag{4-96}$$

物体的弹性应变能 U 和外力势能 W 在二维平面上的表达式为

$$U = \frac{t}{2}\iint_{\Omega}(\sigma_x\varepsilon_x + \sigma_y\varepsilon_y + \tau_{xy}\gamma_{xy})\mathrm{d}x\mathrm{d}y \tag{4-97}$$

$$W = t\iint_{\Omega}(p_x u + p_y v)\mathrm{d}x\mathrm{d}y + t\int_S(q_x u + q_y v)\mathrm{d}S + \sum_{i=1}^n R_i\delta_i \tag{4-98}$$

在外力势能 W 的表达式中，第一项为体力 $\{p\} = [p_x, p_y]$ 的势能，第二项为面力 $\{q\} = [q_x, q_y]^T$ 的势能，第三项为集中力 R_i 的势能，δ_i 为集中力 R_i 的作用点 i 在 R_i 方向上的位移，Ω 和 S 分别为物体的域和面力的作用区域。由 E，U，W 的定义可知势能是位移 u 和 v 的函数，而位移 u 和 v 是 x 和 y 的函数，所以势能 E 是一个泛函。根据最小势能原理求问题的位移解就是要求泛函 E 的极值问题，即要求泛函的变分为零，记作 $\delta E = 0$。在有限单元中，当物体被离散成很多单元和节点后，各节点的位移构成位移阵列 $\{\delta\}$，泛函 E 可以写各单元泛函之和，$E=\sum E_i$。E_i 将取决于 δ_i，所以不同的节点位移阵列 $\{\delta\}$ 就使 E 有不同的值，则

$$E=E(\{\delta\})=E(u_1,u_2,\cdots,u_N) \tag{4-99}$$

这里 u_i（$i=1, 2, \cdots, N$）为泛指的位移，可以是 x 或 y 向的位移，N 为物体离散后的自由度数。经过有限元离散以后，势能 E 不再是 $u(x, y)$ 和 $v(x, y)$ 的泛函，而是结点位移 $u_1, u_2, \cdots, u_N$ 的函数，求势能的极值条件化为

$$\frac{\partial E}{\partial u_i}=0(i=1,2,\cdots,N) \tag{4-100}$$

物体结构经过有限元离散后，按照式（4-95）和式（4-96）计算出离散体的势能 E，然后根据式（4-100）的极值条件得到一个 N 阶代数方程组；解这个代数方程组求得结点位移 $\{\delta\}$，这就是由变分原理——最小势能原理解有限元问题的基本过程。

2. 最小余能原理

在物体内部满足平衡条件，并在边界上满足规定的应力边界条件的所有应力状态中，真实的应力状态必然使物体的余能有极小值，即

$$E^*=U^*-W^* \tag{4-101}$$

物体的余应变能 U^* 和边界力势能 W^* 表达式为

$$U^*=\frac{t}{2}\iint_\Omega\{\sigma\}^T(D)^{-1}\{\sigma\}\mathrm{d}x\mathrm{d}y \tag{4-102}$$

$$W^*=t\iint_{S_u}\{\bar{\delta}\}\{q\}^T\mathrm{d}S \tag{4-103}$$

式中 Ω——物体的域；

     S_u——有已知位移的域；

     $\{\bar{\delta}\}$——在 S_u 域上的已知位移，$\{\bar{\delta}\}=[\bar{u},\bar{v}]$；

     $\{q\}^T$——S 域上的边界力（包括支反力），$\{q\}^T=[q_x,q_y]$。

在有限单元法中应力最小余能原理，要求在单元内假定一种应力场，这种应力场的各应力分量必须满足应力的平衡方程式；在边界上的单元，应力分量要满足应力边界条件；在单元间的边界上应力分量不要求连续，但要求在边界上的力必须平衡，即边界两边上作用力应该大小相等，方向相反。

需要指出的是，利用最小势能原理得到的位移近似解的弹性变形是真实的变形能的下界，即近似的位移解在总体上是偏小的，结构计算模型的刚度偏大；而利用最小余能原理得到的应力近似解的弹性余能是真实余能的上界，即近似的应力解在总体上是偏大的，结构计算模型的刚度偏小；如果能够在同一问题上分别利用这两个原理获得两个近似解，将是真实解的上界和下界，这对准确估计近似解的误差是非常有意义的。

4.2.3.2 模态分析

模态分析用于确定风机叶片的振动特性——固有频率和振型，工程中的结构共振是使结构破坏的一个重要原因，因此要防止结构发生共振，就要求结构的固有频率远离其激振频率。固有频率分析采用有限单元法，惯性力是与物体质量和加速度有关的力，则作用在物体上的总惯性力为

$$\{F(t)\}_I = \sum_{e=1}^{n_0} \{F(t)\}_I^e = -\sum_{e=1}^{n_0} [M]^e \{\ddot{u}(t)\}^e = -[M]\{\ddot{u}(t)\} \qquad (4-104)$$

$$[M] = \sum_{e=1}^{n_0} [M]^e = \sum_{e=1}^{n_0} \iiint_e \rho [N]^T [N] \mathrm{d}v \qquad (4-105)$$

式中　　$[M]^e$——单元的质量矩阵;

　　　　$\{F(t)\}_I^e$——单元的惯性力;

　　　　n_0——振动结构单元总数。

作用在物体上的总阻尼力为

$$\{F(t)\}_d = \sum_{e=1}^{n_0} \{F(t)\}_d^e = -\sum_{e=1}^{n_0} [C]^e \{\dot{u}(t)\}^e = -[M]\{\dot{u}(t)\} \qquad (4-106)$$

其中

$$[C] = \sum_{e=1}^{n_0} [C]^e = \sum_{e=1}^{n_0} \iiint_e \mu [N]^T [N] \mathrm{d}v \qquad (4-107)$$

作用在物体上的总弹性力为

$$\{F(t)\}_e = \sum_{e=1}^{n_0} \{F(t)\}^e = -\sum_{e=1}^{n_0} [K]^e \{u(t)\}^e = -[M]\{u(t)\} \qquad (4-108)$$

其中

$$[K] = \sum_{e=1}^{n_0} [K]^e = \sum_{e=1}^{n_0} \iiint_e [B^e]^T [D][B^e] \mathrm{d}v \qquad (4-109)$$

由达朗贝尔原理,任意时刻作用于物体上的力构成平衡力系,则可得

$$[M]\{\ddot{u}(t)\} + [C]\{\dot{u}(t)\} + [K]\{u(t)\} = \{F(t)\} \qquad (4-110)$$

对于无阻尼自由振动,阻尼项和外载荷项均为 0,于是式 (4-106) 为

$$[M]\{\ddot{u}(t)\} + [K]\{u(t)\} = 0 \qquad (4-111)$$

设式 (4-111) 的解为

$$\{u(t)\} = \{X\}\sin\omega t \qquad (4-112)$$

式中　　$\{X\}$——位移 $\{u(t)\}$ 的振幅列向量;

　　　　ω——频率。

将式 (4-112) 代入式 (4-111) 可得

$$([K] - \omega^2 [M])\{X\} = 0 \qquad (4-113)$$

令 $\omega^2 = \lambda$,则有

$$([K] - \lambda [M])\{X\} = 0 \qquad (4-114)$$

式 (4-114) 为齐次方程,要使其有非零解,则

$$\det([K] - \lambda [M]) = 0 \qquad (4-115)$$

式 (4-115) 为广义特征方程,如果节点位移的总自由度为 n,即刚度矩阵 $[K]$ 的阶数为 $n \times n$,由行列式展开可知,式 (4-115) 是 λ 的 n 次代数方程,由此可决则结构的 n 阶固有频率可表示为

$$\omega_i = \sqrt{\lambda_i}\,(i = 1, 2, \cdots, n) \qquad (4-116)$$

4.2.3.3　稳定性分析

根据弹性稳定理论可知,一个单元的应变能 U_e 与应力 $\{\sigma\}$ 和应变 $\{\varepsilon\}$ 有如下关系

$$U_e = \frac{1}{2}\int \{\varepsilon\}^T \{\delta\} \mathrm{d}v \qquad (4-117)$$

$$\{\varepsilon\} = \{\varepsilon_L\} + \{\varepsilon_{NL}\} \qquad (4-118)$$

式中　$\{\varepsilon_L\}$ ——线性项；

　　　$\{\varepsilon_{NL}\}$ ——非线性项。

利用线弹性应力—应变关系 $\{\sigma\} = [c]\{\varepsilon\}$，$[C]$ 为对称矩阵，忽略二阶非线性应变项，可得

$$U_e = \frac{1}{2}\int \{\varepsilon_L\}^T [C]\{\varepsilon_L\} \mathrm{d}v + \int \{\varepsilon_{NL}\}^T \{\sigma_L\} \mathrm{d}v \qquad (4-119)$$

式（4-119）中第二项表示作用于非线性应变上的线性应力产生的应变能，则有

$$\int \{\varepsilon_{NL}\}^T \{\sigma_L\} \mathrm{d}v = \int \{g\}^T [S]\{g\} \mathrm{d}v \qquad (4-120)$$

假设在一个单元内的位移变化取决于它的节点位移量 $\{\delta\}_e$，即

$$[u,v,w]^T = [N]\{\delta\}_e \qquad (4-121)$$

式（4-121）中 $[N]$ 是一个形函数矩阵。将 $\{\varepsilon_L\} = \{B_L\}\{\delta\}$ 和 $\{g\} = [G]\{\delta\}_e$ 代入式（4-118）中可得

$$U_e = \frac{1}{2}\{\delta\}_e^T \int \{B_L\}^T [C]\{B_L\} \mathrm{d}v\{\delta\}_e + \frac{1}{2}\{\delta\}_e^T \int \{G\}^T [S]\{G\} \mathrm{d}v\{\delta\}_e \qquad (4-122)$$

式中　$\{B_L\}$ ——常规线应变的位移矩阵；

　　　$\{G\}$ ——与节点自由度关联的位移导数矩阵。

根据卡氏（Castigliano）第一定理，有

$$F_e = \int \{B_L\}^T [C]\{B_L\} \mathrm{d}v\{\delta\}_e + \int \{G\}^T [S]\{G\} \mathrm{d}v\{\delta\}_e = ([K]_e + [K_g]_e)\{\delta\}_e$$
$$\qquad (4-123)$$

式中　$[K]_e$ ——常规线性结构刚度矩阵；

　　　$[K_g]_e$ ——初始应力刚度矩阵（几何刚度矩阵）；

　　　F_e ——单元节点载荷向量。

对整个结构来说，整合所有单元后得到

$$([K] + [K_g])\{\delta\} = \{P\} \qquad (4-124)$$

$[K_g]$ 取决于线性应力 $[\sigma_L]$，而该线性应力取决于已加载的载荷。假设 $\{P^*\}$ 对应的表示已加载的载荷，λ 是比例因子，$\{K_\sigma^*\}$ 是载荷 $\{P^*\}$ 对应的初始应力刚度，则式（4-124）可写为

$$([K] + \lambda[K_\sigma^*])\{\delta\} = \lambda\{P^*\} \qquad (4-125)$$

4.2.4　GH Bladed 计算软件

现阶段国内外广泛运用的权威风力机发电机组软件仿真软件 GH Bladed 软件所用的气动分析及载荷计算理论就是基于上述介绍。GH Bladed 软件是一款整合的计算仿真工具，适用于陆上和海上的多尺寸和型式的水平轴风力机，具有操作简单，界面美观的优点。

GH Bladed 软件的主界面如图 4-14 所示，除后三项为计算分析相关外，均为参数设

置部分。参数设置又分为风机参数设置与外部环境参数设置。

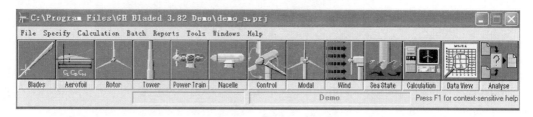

图 4 - 14　GH Bladed 主界面

其中 Blades 模块主要是定义叶片的外观尺寸，重量分布及刚度。主要参数有：长度、各剖面弦长、扭角、厚度、质量因素和刚度因素。图 4 - 15 为 Blades 模块界面。

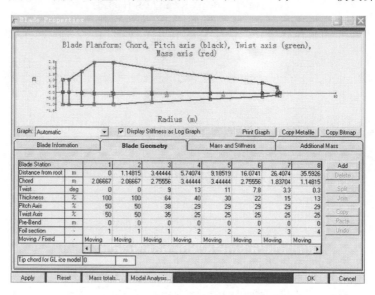

图 4 - 15　Blades 模块界面

Aerofoil 模块定义了叶片翼型，并可通过对翼型的定义，确定任意攻角下叶片的气动系数，主要为叶片的升力系数与阻力系数。图 4 - 16 为 Aerofoil 模块界面。

Rotor 模块定义了风轮、转子轴、轮毂与气动力学相关的参数关系，包括几何尺寸、安装相对尺寸及运行模式。图 4 - 17 为 Rotor 模块界面。

Tower 模块定义了所有塔筒的相关参数，包括尺寸、重量、刚度、材质等，如图 4 - 18 所示。

Power Train 模块定义传动链上各个环节的相关参数，该选项卡分别与传动轴相关、安装和发电机等相关，能量损耗和电网连接。电机和制动的设置很大程度上决定了电能输出能力和风力机带载能力。如图 4 - 19 所示。

Nacelle 模块定义了与机舱相关几何和结构参数，主要影响偏航负载，如图 4 - 20 所示。

Control 定义了与控制系统相关的控制策略和控制器算法，转矩和桨叶角度控制中自带 PI 调节并支持外部控制器的导入，如图 4 - 21 所示。

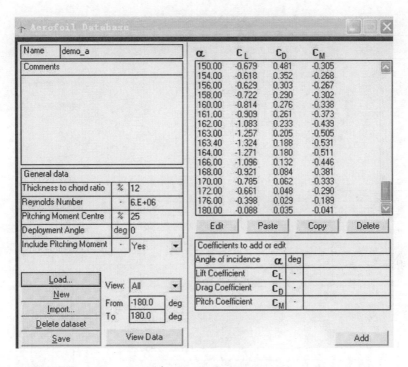

图 4 - 16 Aerofoil 模块界面

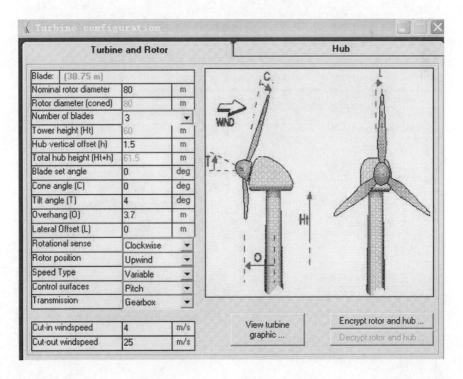

图 4 - 17 Rotor 模块界面

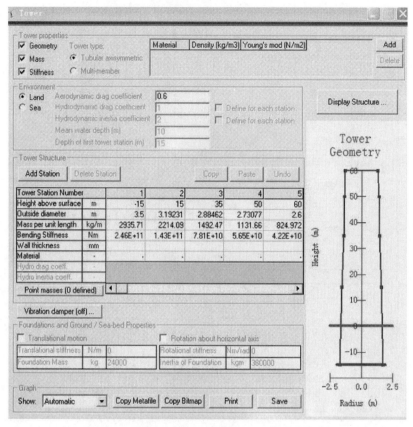

图 4-18　Tower 模块界面

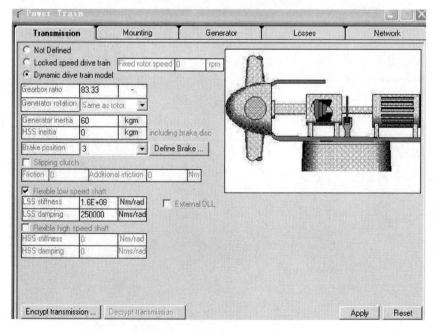

图 4-19　Power Train 模块界面

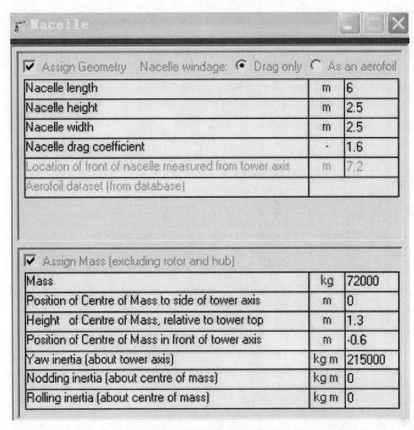

图 4-20 Nacelle 模块界面

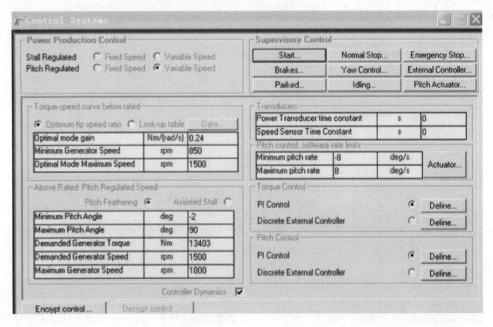

图 4-21 Control 界面

Modal 模块。设置模态分析方法（阶数、自由度、极限位置、阻尼、正常工作模式）等，可以仿真计算出风力机主轴和塔架的周期振动模态，如图 4 - 22 所示。

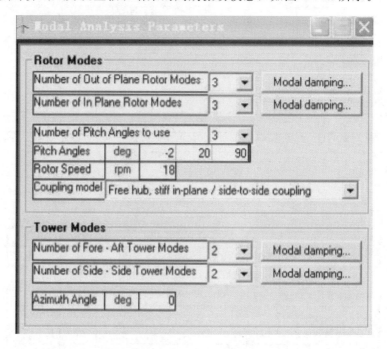

图 4 - 22　Modal Analysis 模态分析

Wind 风式风力机的动力源和外部载荷是最主要部分之一，对风况的定义直接影响风力机的动态性能。风况定义包括时变风况定义、湍流、风剪切和塔影效应等。如图 4 - 23 所示。

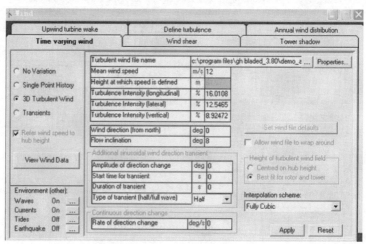

图 4 - 23　动力源和外部载荷

Calculation 集中全部运算功能设置。分计算和后处理两部分。计算包括附加环境计算、稳态分析和动态过程模拟三个部分。稳态计算较为简单，不涉及外部实时载荷；动态模拟需要和外部环境配合使用，计算结果都是时变曲线，按控制流程分类，体现控制变量的暂态过程，如图 4 - 24 所示。

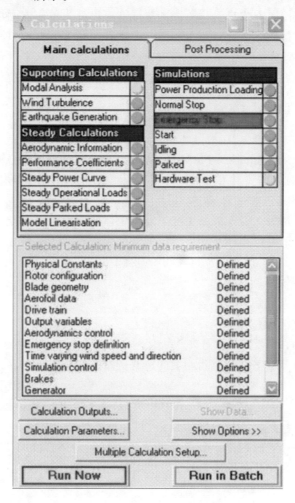

图 4 - 24　Calculation 界面

4.3　流固耦合在结冰对风力机性能影响中的应用

风力发电机组工作过程中，叶片作为转换能量的重要部件时刻都在和流场发生交互作用，因此，风力机叶片气动性能的变化直接决定风力机的工作效率。同时，对于叶片而言，流场特性的变化，又对叶片产生了气动载荷，进而影响到整个风力机工作特性。因此对叶片的气动性能、结构振动特性及流场特性研究尤为重要。可以发现，风力机运行过程是典型的流固耦合过程，通过流固耦合对风力机结冰进行性能影响也是其重要的手段。

通常在采用流固耦合方法进行求解时，需要对流固耦合方程组进行求解，该方程组包含了流体域和固体域两个区域。在这两个区域中，流体和固体遵循自己的相关运动理论，在结合面处相互影响。

总之，流固耦合问题可根据其耦合机理进行划分，主要分为两种：一种是流体和固体间耦合作用发生在流固交界面上；另一种是流体域和固体域有一部分发生了交汇或者全部交汇在一起。从数据传递方式来看，流固耦合计算可以分为单向流固耦合及双向流固耦合两类。单向流固耦合是指流体计算所得压力、速度和流量等数据可以通过耦合面传递给固体结构，或者将固体计算所得的节点位移传递给流体，但是这两个过程不能同时进行，双向耦合则在任意时刻都可以同步实现流体和固体之间的数据信息交换。

4.3.1　流固耦合理论

1. 流固耦合流体理论基础

计算流体力学（Computational Fliuid Dynamics，CFD）是流固耦合流体理论基础，分析流固耦合体的理论基础，需要对水平轴风力机气动性能计算存在的问题进行分析。

2. 单向流固耦合固体理论基础

线性静力学分析是指在给定载荷工况下对结构体的应力、应变及位移等计算结果进行分析。由经典力学知识可得物体在动力学上的方程为

$$[M]\{x\}+[C]\{\ddot{x}\}+[K]\{\dot{x}\}=\{F(t)\} \tag{4-126}$$

式中　$[C]$——阻尼矩阵；

　　　　$[K]$——刚度系数矩阵；

　　　　$\{x\}$——位移向量；

　　$\{F(t)\}$——力向量。

在线性静力学的分析中，与时间相关的所有变量都会被忽略，因此，经过修正以后得到下面的方程为

$$[K]\{x\}=[F] \tag{4-127}$$

分析过程中，方程必须满足以下假设：$[K]$ 矩阵必须是连续的，相对应的材料需满足线弹性理论和小位移变形理论；$[F]$ 矩阵为静力载荷矩阵，同时不考虑惯性（如阻尼、质量等）以及随时间变化载荷的影响。

3. 双向流固耦合固体理论基础

（1）几何非线性方程。在研究变形量比较大的问题时，任意一个在非线性弹性体内的点都存在 6 个基本的应变分量，表达式为

$$\left.\begin{array}{l}\varepsilon_{xx}=\dfrac{\partial u}{\partial x}+\dfrac{1}{2}\left[\left(\dfrac{\partial u}{\partial x}\right)^2+\left(\dfrac{\partial v}{\partial x}\right)^2+\left(\dfrac{\partial w}{\partial x}\right)^2\right]\\[3mm]\varepsilon_{yy}=\dfrac{\partial v}{\partial y}+\dfrac{1}{2}\left[\left(\dfrac{\partial u}{\partial y}\right)^2+\left(\dfrac{\partial v}{\partial y}\right)^2+\left(\dfrac{\partial w}{\partial y}\right)^2\right]\\[3mm]\varepsilon_{zz}=\dfrac{\partial w}{\partial z}+\dfrac{1}{2}\left[\left(\dfrac{\partial u}{\partial z}\right)^2+\left(\dfrac{\partial v}{\partial z}\right)^2+\left(\dfrac{\partial w}{\partial z}\right)^2\right]\\[3mm]\gamma_{xy}=\dfrac{\partial u}{\partial y}+\dfrac{\partial v}{\partial x}+\dfrac{\partial u}{\partial x}\dfrac{\partial u}{\partial y}+\dfrac{\partial v}{\partial x}\dfrac{\partial v}{\partial y}+\dfrac{\partial w}{\partial x}\dfrac{\partial w}{\partial y}\\[3mm]\gamma_{yz}=\dfrac{\partial u}{\partial z}+\dfrac{\partial v}{\partial y}+\dfrac{\partial u}{\partial z}\dfrac{\partial u}{\partial y}+\dfrac{\partial v}{\partial z}\dfrac{\partial v}{\partial y}+\dfrac{\partial w}{\partial z}\dfrac{\partial w}{\partial y}\\[3mm]\gamma_{zx}=\dfrac{\partial u}{\partial y}+\dfrac{\partial v}{\partial z}+\dfrac{\partial u}{\partial x}\dfrac{\partial u}{\partial z}+\dfrac{\partial v}{\partial x}\dfrac{\partial v}{\partial z}+\dfrac{\partial w}{\partial x}\dfrac{\partial w}{\partial z}\end{array}\right\} \tag{4-128}$$

式中　ε_{xx}，ε_{yy}，ε_{zz}，γ_{xy}，γ_{yz}，γ_{zx}——弹性体上任意一点的 6 个应变分量。

（2）平衡方程。在弹性体中，如果变形量比较大，那么作用在其上面的外力与弹性体内力之间的平衡关系也会变得十分复杂。在变形量已经确定的情况下需建立直角坐标系，平衡方程的形式为

$$\left.\begin{array}{l}\dfrac{\partial \sigma_x}{\partial x}+\dfrac{\partial \tau_{xy}}{\partial y}+\dfrac{\partial \tau_{xz}}{\partial z}+F_x=0 \\[2mm] \dfrac{\partial \tau_{yx}}{\partial x}+\dfrac{\partial \sigma_y}{\partial y}+\dfrac{\partial \tau_{yz}}{\partial z}+F_y=0 \\[2mm] \dfrac{\partial z_{zx}}{\partial x}+\dfrac{\partial \tau_{zy}}{\partial y}+\dfrac{\partial \sigma_z}{\partial z}+F_z=0\end{array}\right\} \qquad (4-129)$$

式中　　　　　σ_x、σ_y、σ_z——正应力；
τ_{xy}、τ_{xz}、τ_{yx}、τ_{yz}、τ_{zx}、τ_{zy}——剪应力；
　　　　　F_x、F_y、F_z——体力。

（3）应力应变本构关系。材料的应力应变本构关系表示为

$$\sigma_{ij}=\frac{E}{1+v}\varepsilon_{ij}+\frac{vE}{(1+v)(1-2v)}\theta\sigma_{ij} \qquad (4-130)$$

式中　θ——第一应变不变量；
　　　E——弹性模量；
　　　v——泊松比。

假设在物体表面存在力的作用，则物体界面处的应力边界条件应满足

$$\left.\begin{array}{l}f_1=\sigma_{11}n_1+\sigma_{21}n_2+\sigma_{31}n_3 \\ f_2=\sigma_{12}n_1+\sigma_{22}n_2+\sigma_{32}n_3 \\ f_3=\sigma_{13}n_1+\sigma_{23}n_2+\sigma_{33}n_3\end{array}\right\} \qquad (4-131)$$

式中　f_1、f_2、f_3——单位面积上的面力分量；
　　　n_1、n_2、n_3——表面外法线的方向余弦。

在流固耦合计算中，像流体力学和固体力学一样，在求解的过程中遵循相应的守恒原则，在耦合的交界面上必须满足

$$\left.\begin{array}{l}\tau_f n_f=\tau_s n_s \\ d_f=d_s \\ q_f=q_s \\ T_f=T_s\end{array}\right\} \qquad (4-132)$$

式中　τ——应力；
　　　d——位移；
　　　q——热流量；
　　　T——温度。

以上就是进行流固耦合分析时遵循的守恒方程，也可以通过设定所需参数、对应的初始条件、边界条件等对该方程的一般形式进行求解。现如今对于流固耦合问题有两种求解方法：直接式和分离式两种。直接式解法在求解的过程中必须满足

$$\begin{bmatrix} A_{\mathrm{ff}} & A_{\mathrm{fs}} \\ A_{\mathrm{sf}} & A_{\mathrm{ss}} \end{bmatrix} \begin{bmatrix} \Delta X_{\mathrm{f}}^{k} \\ \Delta X_{\mathrm{s}}^{k} \end{bmatrix} = \begin{bmatrix} B_{\mathrm{f}} \\ B_{\mathrm{s}} \end{bmatrix} \qquad (4-133)$$

式中 k——迭代时间步；

$\Delta X_{\mathrm{f}}^{k}$——流体待求解；

A_{ff}——流场的系统矩阵；

B_{f}——流场外部作用力；

A_{ss}——固体的系统矩阵；

$\Delta X_{\mathrm{s}}^{k}$——固体带求解；

B_{s}——固体外部作用力；

A_{fs}——流固耦合矩阵；

A_{sf}——固体耦合矩阵。

4.3.2 流固耦合模拟方法

在双向流固耦合分析中，需要先分别对流体域和固体域进行计算，然后再通过耦合面进行数据交换，完成之后，再进行下一步的计算和数据交换，这样反复进行迭代计算，直到最终获得收敛解为止。在迭代计算过程中，依据计算流体力学，获得流场对结构的压力载荷，通过两者之间的耦合面，流场将压力载荷传递到固体域；依据计算结构力学，获得结构的位移，通过耦合面使流场发生改变，进而令流场产生新的压力载荷，再次进行传递，直至最终求解得到收敛解。

在此计算中，所有数据都需要通过耦合面进行传递，因此耦合面的设置对流固耦合计算是至关重要的。

1. 流固耦合计算步骤

流场分析与模态分析，都是流固耦合分析的基础。在进行流固耦合计算时：首先需要确定计算区域、建立结构和流场模型，并分别对其划分网格；其次需要在设置求解参数以后，对求解模型进行迭代计算，以获得收敛值；最后还需要对求解结果进行显示。使用的模型，可通过 Matlab 编程获得三维翼型数据，然后导入 Workbench Design 模块来获得。模型的网格划分，可以利用 Workbench 中的 Mesh 模块完成。在生成网格后，先将固体网格导入到 Transient Structural 中，进行参数设置，生成 *.inp 格式的求解文件。在对流场进行定常分析之后，将分析结果作为初始值导入到结构的 *.inp 文件，设置时间步长以及耦合面，进行流固耦合求解计算。其中，时间步长的设定是根据结构体的模态频率来确定的。求解结束后，通过 CFX 后处理模块，就可以获取最终的结果。

在使用 Transient Structural 与 CFX 模块进行双向流固耦合分析时，需要设定合适的时间步长。对于流固耦合来说，在网格数目合适、网格质量良好、时间步长合理的前提下，可以获得较为理想的数值解。

2. 单台风力机流固耦合计算示例

采用现行较流行的 CAE 分析软件 Ansys Workbench，随着计算机和有限元理论的发展，在各个领域均获得了高度的评价和广泛的应用。Workbench 整合了现有的各种应用程序，并将各个方面的仿真过程结合在一起，其工作台可以满足各种不同工程应用。

通过 Workbench 平台进行风力流固耦合计算分为如下步骤：

（1）风力机发电机整机建模。整机建模包括叶片、轮毂、机舱、塔柱、叶片流场及风力机流场建模等。图 4-25 为整机建模示意图，在进行结冰分析中需要加上冰模。

（2）流场三维模型。因为流场进行分析时是旋转的，所以流场必须分为两部分：一部分是包括风轮及一部分轴的扁圆盘叶片旋转域流场；另一部分包括整个风力机与旋转域流场的外流域流场，外流域流场与风轮不一起旋转，在流固耦合模拟中网格不发生变形。图 4-26 为典型流场示意图。

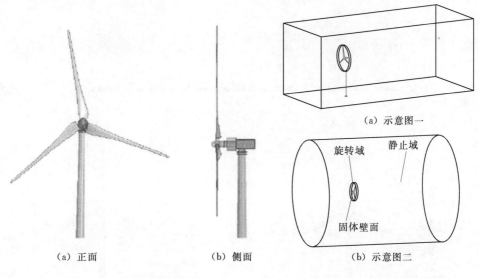

图 4-25　整机建模示意图　　　　　　　图 4-26　典型流场示意图

（3）网格划分。在进行网格划分中，包括风力机模型网格划分及流场域网格划分两部分。网格划分方法由专门书籍资料进行介绍，在此不作详细介绍，图 4-27 为典型的网格划分示意图。

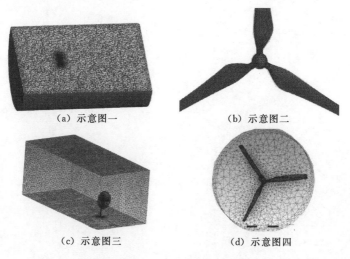

图 4-27　典型网格划分示意图

（4）计算模型条件设置。根据所述风力机理论选择合适的风力机模型并迭代求解，图4-28给出了典型的流场示意图。图4-29给出了典型的风轮受力分布整体变形量分布示意图。

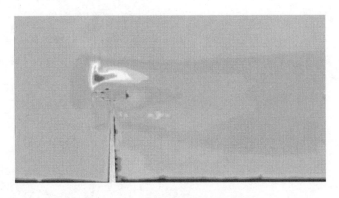

图4-28 流场计算结果示意图

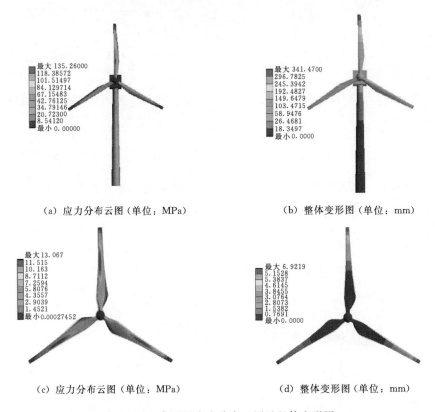

（a）应力分布云图（单位：MPa）　　　　　　（b）整体变形图（单位：mm）

（c）应力分布云图（单位：MPa）　　　　　　（d）整体变形图（单位：mm）

图4-29 典型的应力分布云图及整体变形图

第5章　风力机结冰探测与预报技术

为了更有效的应对风力机发生结冰，结冰探测与预报技术十分重要，准确、有效地预测可以减少风力机的事故率，提高风力机的效率，也可以为防冰和除冰系统提供有价值的信息。本章主要介绍结冰探测的基本理念和预测方法，同时也对目前常见的结冰探测器和相关专利进行介绍。

5.1　风力机结冰探测系统简介

对风力机结冰情况预测十分必要，可提前为风场操作系统发出警告，激活结冰防护系统或者在结冰环境中停机制动，使结冰对风力机性能的影响降到最低。现阶段风力机结冰探测主要有的手段：①目视检测；②风力机工作状态检测；③结冰传感器检测；④结冰探测系统。

1. 目视检测

对风力机工作状态进行检测：首先是对外部环境进行检测，判断风力机是否到达结冰期；最后是对风场周围典型建筑物进行检测，发现是否有结冰现象；再次通过人工目视、望远镜观测发现风力机叶片上是否有结冰现象；最后检测风力机周围是否有冰层碎块。

目视检测的方法并不高效，而且具有一定的危险性。首先通过人工目视观测，往往不能第一时间观测到风力机结冰，对于少量结冰也无法观测，从而进行结冰应对；其次，结冰现象发生在晚上低温环境，随着早上太阳升起而融化，夜间观测结冰显然不现实；最后，通过人力观测，工作量相当巨大，同时甩冰也会威胁工作人员的人身安全。

2. 风力机工作状态检测

现运行的大多数（几乎全部）风力机都不具备结冰检测功能。对于具有结冰环境的风力机，往往通过风力机的工作状态进行检测，首先是对外部环境进行检测，根据历年来风场运行情况确定大致结冰时间区域；其次对该时间段环境参数进行监测，如通过外界温度、湿度来判定风力机是否会发生结冰现象，从而确定风力机是否进入结冰期；最后是对风力机运行参数进行检测，众所周知，风力机是一套复杂的系统，针对风力机运行中的各工况参数有一套非常精确的检测系统，当检测值超过某一限定值时风力机会发生报错进而进行相应的应对策略，判断是否停机。结冰后风力机气动性能发生改变，其转轴力矩等参数也相应发生改变，当超出风力机工作的限定值时就会导致风力机报错，进行停机。

风力机工作状态检测的方法在一定程度上降低了结冰的危害，但是并不高效。首先采用这种应对策略，不能分析出导致风力机检测参数变化的原因，无法准确发现风力机故障原因，会造成更大的伤害；其次这种方式的应对方案只有是否停机，不能为风力机的除防冰系统是否开启提供依据。

3. 结冰传感器检测

现行的有多种结冰传感器可用于探测物体表面的结冰存在。结冰探测传感器使用的探测方法有很多种，主要有机械法、光学法、热学法、电学法、波导法等。

结冰传感器能第一时间检测出结冰的存在，提供存在冰的条件，并确定结冰的严重性及结冰率，为风力机结冰提供很好的应对策略，也为风力机的除防冰系统是否开启及开启时间提供依据。但是结冰传感器只能提供某一点或某一部位的结冰情况，而实际工作中风力机叶片是一个复杂的曲面，其各处结冰情况不尽相同；其次，现有的风力机叶片多为玻璃钢复合材料，在叶片表面加装结冰传感器具有不小的难度，直接通过结冰传感器对叶片表面的测量也存在一定的问题。

4. 结冰探测系统

针对结冰传感器直接测冰的不足之处，提出了外置式结冰探测系统，基本思路是将传感器集成在风力机之外的外置结冰探测器上，通过探测外置结冰传感器的结冰情况，进而获知风力机的结冰情况。采用该方法有效克服风力机常规结冰传感器的缺点，但该种方法需要对结冰探测器的外形进行设计和优化。

5.2　常用结冰传感器简介

检测风力机结冰所用的传感器均是由航空领域中检测结冰的传感器衍化而来，发展至今已有几十年，典型的传感器也有数十种，典型的结冰传感器的简介，见表 5-1。

表 5-1　　　　　　　　　　　　典型结冰传感器

传感器方法	传感器实现方式	原理
光学法	光纤法	光纤结冰传感器是一种反射及散射式光强制型传感器，光源发射的光经发射光纤传输，到达探测面。当探测端面无积冰时，发射光直接射入空气，接受光纤端面接收不到任何发射光；当探测面有积冰时，光在冰层中发生一系列的光学作用，如反射、散射、透射、吸收等，其中冰层—空气界面的反射光以及在冰层内的散射光进入接收光纤，根据不同冰形导致反射冰信号不同的特点计算结冰情况
	图像处理法	由 CCD 传感器和图像采集卡组成的摄像系统对未结冰状态下的结冰传感器进行拍摄，获得背景图像，当传感器上有结冰发生时，再次对其进行多帧拍摄，将结冰图像与背景图像进行处理获得边缘点并进行比较，得到实际结冰边界，计算结冰厚度
	红外摄像法	摄像机在几个不同的光谱段内，探测叶片表面反射红外辐射，采集图像并进行后续处理
机械法	压电谐振法	压电谐振式结冰传感器是一种基于压电陶瓷的压电效应和逆压电效应及固体的谐振频率随着刚度和质量的变化而变化的原理的结冰传感器。当传感器的表面附着冰时，传感器的质量和刚度都发生变化，刚度的变化导致膜片的谐振频率增大，而质量的变化导致膜片的谐振频率减小，但结冰时刚度的变化影响要大于质量变化的影响，故传感器的谐振频率增大；当传感器表面有水或其他液体时，质量增加而刚度不变，传感器的谐振频率减小。这样通过谐振频率的改变就知道了传感器上是否结冰及冰厚
	磁致伸缩谐振法	磁致伸缩谐振法是基于磁致伸缩材料的振动设计的，振动体采用振管形式。当振管垂直立于环境中时，激振电路为振管提供交变磁场，振管在磁场的作用下产生磁致伸缩做轴向振动，同时信号拾取电路将机械振动信号转变为电信号反馈给激振电路，使电路振动与振管的轴向振动固有频率相同。根据振动理论，当振管表面出现冰层时，其轴向振动固有频率会发生偏移，使电路谐振频率发生偏移，因此，通过检测轴向振动的固有频率偏移量，确定结冰状态

传感器方法	传感器实现方式	原理
机械法	障碍法	在平板表面加装旋转刮板,当有冰聚集在表面时,刮板的转矩随之增大,在预设的转矩点,探测器通过转矩的变化情况分析结冰情况
	压差式	分为单头传感器和双头传感器。单头传感器是迎风面和背风面都有小孔,不结冰时两孔压差一定,结冰时迎风面小孔堵塞,压差变化,发出结冰信号;双传感头的两个传感头迎风面上均开有小孔,其中一个传感头始终被加热,在有结冰情况下,其未被加热的传感头小孔被冰封堵,两个传感头之间产生一定的压差,发出结冰信号
热学法	电流脉冲式	电流脉冲方式使用周期的脉动电流流过电阻加热探头,如果冰聚积在探头上,探头温度会在 0℃暂时停止增加,通过捕捉这一加热信号来判断结冰情况
	恒温式	恒温方式是测量在恒定温度下加热探头所需的功率,一起在无冰状态下置零,通过测量在恒定温度下的加热探头所需的功率来判断是否有冰生成,当探头上有冰生成时,功率增加,发出相应电信号判断结冰情况
	热流式	这是一种表面型冰探测方法,热流原理是通过测量流过物体表面热流的变化来确定物体表面存在冰层。如果传感器表面结有冰层时实际热流梯度将比计算值或理论热流梯度单调减小。表面条件变化被传感器捕捉之后送到信号处理器中,在这里,与流过同一环境空气中干净物体表面的热流值进行计算比较,由这种热流特性的差别就可以指示物体表面特定状况
电学法	电容式	在传感器表层一定范围内印制成两个不同的环形电容,当有冰存在时平面电极的电容量就发生变化,通过比较两个电容上的瞬态电压,确定冰层的存在和厚度
	电阻式	通过测量结冰前后应力传感元件的电阻值的变化情况来判断是否发生结冰现象
	电桥式	采用两根电阻丝,一根与气流平行,另一根与气流垂直,分别与电桥的一臂相连。无结冰时,两根电阻丝温度一样,电阻相等,电桥处于平衡状态;进入结冰环境时,垂直电阻丝表面聚集水滴,电阻丝温度降低,电阻改变,而平行电阻丝与气流平行,阻值未发生变化,电桥平衡破坏,发出结冰信号
	电导式	分为绝缘间隙式和双翼式两种。绝缘间隙式在一个圆柱形胶木棒上固定两金属电极,电极间留有间隙,进入结冰环境时,间隙中填充了水,两电极由绝缘变成水膜导通,发出一个结冰信号。双翼式探测器有两个传感头,感测头之间有一空气间隙,在结冰云层中飞行,空气间隙被冰导通,产生一个电信号
波导法	超声波式	采用脉冲回波技术,一个脉冲发射器,一个脉冲回波接收器,发射器发送一个声波脉冲到探测表面,接收器接收表面返回的回波。信号调节器测量激励和接收回波间的传送时间,由此判断附着冰的量
	微波式	在物体表面安装一个波导管,在波导管表面设计有绝缘层,当冰聚集在波导管带有绝缘层的表面时,相当于增加了波导管的有效厚度,改变了其相位常数,从而降低了其共振频率,通过谐振频率的偏移量可算出冰的厚度
	声表面波	声表面波在传播过程中受到材料的质量密度、绝缘体特性和弹性刚度等性质的影响,其传播特性会以频移或者相变的形式发生改变。通过探测器由天线发射电磁波,通过接收器接收,比较结冰前后波的差异,转化为冰信号

5.3 典型结冰传感器

虽然结冰传感器种类很多,但是只有部分传感器技术相对成熟,还有部分传感器只是停留在概念提出阶段,相关技术有待进一步开发,其中技术相对成熟的结冰传感器有光纤法结冰传感器、红外摄像法结冰传感器、压电谐振法结冰传感器、磁致伸缩谐振法结冰传感器、电容及电阻式结冰传感器等。

5.3.1　光纤法结冰传感器

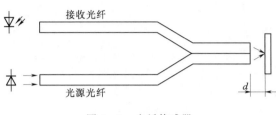

图 5-1　光纤传感器

反射式光纤位移传感器属于非功能性光纤传感器，一般呈 Y 型结构如图 5-1 所示，由发光管经光源光纤传输到探测端，再经距离探测端为 d 的反射物体反射后，经接收光纤传输至接收管，接收管再将接收到的光强信号转换为对应的电压信号。基本原理是：利用接收光纤接收到的光强信号 M 与距离 d 呈线性关系，从而根据接收到的光强信号 M 检测反射物体具体光纤探测端面的距离。

反射式光纤位移传感器的输出特性如图 5-2 所示。理想的光强位移曲线由两条线性曲线组成，图 5-2 中 d 为其时阈值，当 $d < d_0$ 时，接收光纤接收的光强为 0；当 $d = d_p$ 时，此时光强达到最大值。可以看到，理想曲线在 d_0 至 d_p 段光强 M 随距离 d 是线性增加的；当 $d > d_0$ 时，光强 M 随距离 d 是线性递减。实际上，由于光的反射分为镜面反射和漫反射，实际曲

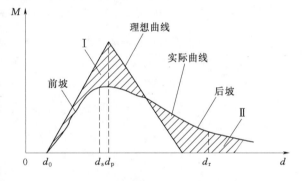

图 5-2　反射式光纤位移传感器输出特性

线和理想曲线都是镜面反射，不同之处在于漫反射，图中阴影部分 I 表示漫反射的散射角大于接收光纤的接收角，从而此部分的漫反射光无效；图 5-2 中阴影部分 II 表示漫反射的散射角小于接收光纤的接收角，从而此部分的漫反射光有效，从而使光强-位移曲线从理想曲线状态变化到实际曲线状态。实际曲线的形态是先曲线递增，达到峰值后曲线递减至某一稳定值后不再改变。

实际曲线中，$[0, d_0]$ 为死区；前坡为 $[d_0, d_s]$ 段的曲线，此段曲线灵敏度较高，线性度也好，d_s 为峰值距离，此时光强最大；$d > d_s$ 段曲线为后坡，斜率为负并且逐渐递减，当 $d = d_r$ 时，光强相对稳定不再变化。

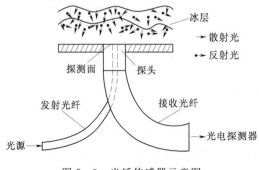

图 5-3　光纤传感器示意图

光纤式结冰传感器是一种反射及散射式管线调制型传感器，光源发射的光经发射光纤传输，到达探测面。当探测端面无积冰时，发射光直接射入空气，接收光纤端面接收不到发射光。当探测端面发生结冰时，发射光进入冰层，经过透射、折射、反射、散射等作用后，部分散射光和发射光返回接收光纤，其工作原理图如图 5-3

所示。不同冰形对接收光纤接收到的光影响不同，其中：明冰时主要接收的是冰层的反射光；霜冰时接收的主要是散射光；混合冰接收的光在结冰较薄时以反射光为主，在结冰较厚时以散射光为主。信号调理电路对接收到的光强型号进行一系列调理后，得到相对应的电信号，再通过处理电信号达到识别冰型和测量冰厚的目的。

由于发射光是在到达光电探测器之前在光纤断面的冰层中被反射、散射和吸收，实际被探测的信号是比较微弱的且含有较强的噪声，所以普通的信号检测方法通常是不可行的，通常需要采用微弱信号检测技术将微弱的结冰光信号检测出来。常用的微弱信号检测技术见表5-2。

表5-2 微弱信号检测技术

微弱信号检测方法	特 点
窄带滤波	滤掉频谱较宽的噪声，保留有用的窄带信号。但受器件影响，滤波器的中心频率一般不稳定，满足不了高的滤波要求
同步积累	利用噪声的随机性对信号和噪声进行多次累计取平均。累计次数越大，信噪改善比 SNIR 越大
相干检测	利用信号与信号完全相关，信号与噪声及噪声之间不相关的特性，通过输入信号与参考信号的互相关运算来检测信号
锁定检测	同步累计＋相干检测

5.3.2 红外摄像法结冰传感器

1800 年，英国天文学家赫歇尔在观察太阳光谱的热效应时发现红外辐射，红外技术开始发展。近些年来广泛地应用到军事民用领域。红外探测的基本原理是通过探测物体的红外辐射信号，获得物体温度、材质、表面形态等状态特征。

红外探测实质就是对目标发射的红外辐射进行探测及显示处理的过程。在该过程中，物体发射的红外辐射功率，经大气传输和衰减后，由探测仪器光学系统接收并聚焦到红外探测器上。在此，把目标的红外辐射信号功率转换成便于直接处理的电信号，进一步经过放大处理后，以数字或二维热图像的形式显示出来。由此可见，在物体的红外探测过程中，最关键的环节是光学系统对红外辐射接收聚焦到红外探测器上并把物体的红外辐射功率信号转换成电信号，而这种转换功能是由红外探测器完成。

基于红外摄像法的结冰传感器是通过对物体的反射率分析，对于风力机叶片和结冰的反射率不同，故风力机叶片结冰前后其红外能量辐射会发生较大变化，这就是被动式红外结冰探测法。但该种方法技术难度较大，成本昂贵。相比较而言，主动式红外结冰探测则可以选择宽泛工作波段的敏感元件，且因有光源照射而只需较低的灵敏度即可完成探测任务。主动式红外结冰探测方法的原理与被动式相类似。其工作原理如图5-4所示。将红外激光直接照射在物体的结冰表面，通过光电探测器接收到物体结冰表面反射回来的激光能量，运算得到不同入射角和观测角下结冰表面的反射系数，根据结冰系数推断物体表面的结冰情况。

当入射角相同时，物体表面的冰层越厚，冰层散射掉的光愈多，接收到的反射光的能

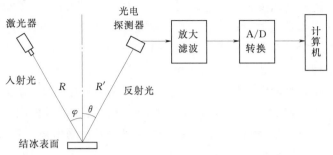

图 5-4　主动式红外结冰探测原理

量越少。若光从不同角度入射被冰覆盖的物体，利用光电探测器接收到的不同观测角下的激光回波能量，并将光信号转换为电信号，通过对电波的放大、过滤，由计算机进行分析处理。反射系数 $f(\varphi, \theta)$ 的计算为

$$f(\varphi,\theta)=\frac{P_r R^2 R'^2}{P_t G\cos\varphi\cos\theta} \tag{5-1}$$

式中　P_t——激光器发射的光功率；

　　　P_r——光电探测器接收被激光照射结冰表面反射回来的光功率。

该传感器通过对结冰表面的反射系数，可对结冰情况进行弱结冰、轻度结冰、中度结冰和强结冰等 4 个等级的划分。

5.3.3　压电谐振法结冰传感器

当对某些晶体施加压力、张力或切向力时，发生与应力成比例的介质极化，同时在晶体两端面将出现数量相等、符号相反的束缚电荷，这种现象称为正压电效应；反之，当在晶体上施加电场引起极化时，将产生与电场强度成比例的变形或机械应力，这种现象称为逆压电效应。正逆压电效应统称为压电效应。通常将具有压电效应的材料称为压电材料，又该种材料通常是在铁电陶瓷上施加强直流电场进行极化，又将其称为压电陶瓷材料。

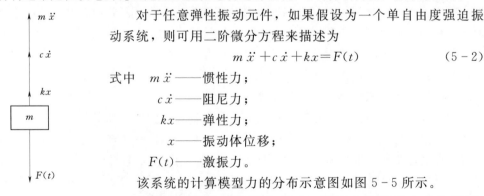

对于任意弹性振动元件，如果假设为一个单自由度强迫振动系统，则可用二阶微分方程来描述为

$$m\ddot{x}+c\dot{x}+kx=F(t) \tag{5-2}$$

式中　$m\ddot{x}$——惯性力；

　　　$c\dot{x}$——阻尼力；

　　　kx——弹性力；

　　　x——振动体位移；

　　　$F(t)$——激振力。

图 5-5　单自由度强迫振动系统计算模型力的分布示意图

该系统的计算模型力的分布示意图如图 5-5 所示。

当振动系统处于共振状态时，弹性力与惯性力自相平衡，外力仅仅用于克服阻尼力，即

$$kx+m\ddot{x}=0 \tag{5-3}$$

$$F(t)=c\dot{x} \tag{5-4}$$

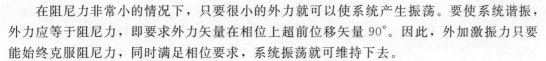

在阻尼力非常小的情况下，只要很小的外力就可以使系统产生振荡。要使系统谐振，外力应等于阻尼力，即要求外力矢量在相位上超前位移矢量 90°。因此，外加激振力只要能始终克服阻尼力，同时满足相位要求，系统振荡就可维持下去。

根据力学原理，无阻尼的 1 自由度线性系统的谐振频率可计算为

$$f_0 = \frac{1}{2\pi}\sqrt{\frac{K}{m}} \tag{5-5}$$

式中　m——谐振元件的质量；

　　　K——材料的刚度。

压电谐振式结冰传感器以压电谐振元件为主要敏感单元，其振动原理上述已经解释。压电谐振元件的主要部分是一个由压电材料制成的机械振子，通常把它做成形状规则的元件，通常为圆形薄片形式，由紧固件紧固到结构固件上。在圆形压电陶瓷膜片一侧表面蚀刻出一大一小两个电极，另一侧则使用导电胶与恒弹性合金膜片粘合在一起作为第三个电极，即公共极，如图 5-6 所示。

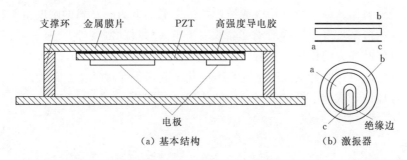

图 5-6　压电谐振式结冰传感器

压电谐振膜片以压电效应为工作基础，利用逆压电效应将电极的输入电压转换为振子的机械应力，即将激励电压加到压电膜片电极 a 和电极 b 上激励膜片的机械振动；同时，在机械应力的作用下，压电陶瓷膜片产生径向伸缩，使得整个膜片发生变形，产生正压电效应，通过电极 b 与电极 c 输出电荷。由于压电变换的可逆性，可把膜片看作二端网络，从两端既可输入电激励信号产生机械振动，又可取出与振幅成正比的电信号。

同所有的弹性体一样，压电膜片做机械振动具有一系列的谐振频率。其固有频谱由膜片的尺寸与结构、固定方式、压电材料的弹性以及振动过程中元件的变形型式等因素所决定。

对具体的压电谐振膜片来说，当激励电压频率偏离谐振频率时，激励电极回路中的电流较小；而当激励电压的频率接近于压电谐振传感器的某一谐振频率时，机械振动的振幅加大，并且由于正反馈在该频率上达到最大值。此时电极上的电荷也按比例增加，电荷的极性随输入信号的极性而改变，流过压电元件的交变电流正比于机械振动幅值。

图 5-6（a）中金属膜片与压电陶瓷 PZT 共同构成传感器的激振器。传感器的激振器是一种三电极的圆形片状压电器件，如图 5-6（b）所示。当在电极 a 和电极 b 之间加一交变电压时，PZT 便会带动膜片一起做一阶振动。压电谐振式结冰传感器的峰值频率采用开环扫频法进行测量。在传感器电极 a 和电极 b 之间加交变电压，当交变电压的频率

与传感器的谐振频率相近时，电极 c 和电极 b 之间就会输出比较大的电压，而在谐振频率点处输出的电压最大，这就是开环扫频测量法的原理。它的实时性比较好，精度也比较高。

如果把压电谐振膜片视为二端电网络，在其输入端加频率为 f 的交变电压 U，把电极回路中电流 I 作为输出特征量，那么该压电谐振膜片可以用与频率有关的复阻抗 $Z=UI$ 来表征。接近谐振频率时，$|Z|$ 值最小，通过谐振传感器的电流最大，可以认为电路工作在谐振状态。

当膜片表面结冰时，结冰对振动体会产生以下影响：

（1）质量的增加可使振动体的谐振频率降低。

（2）刚度的增加可使振动体的谐振频率增高。

（3）阻尼的增加可使振动体的谐振振幅减小。

在这三种因素中，针对本结冰传感器膜片，刚度的增加在振动谐振频率的变化中占主导作用，下面具体分析结冰对振动体刚度的影响。

刚度指受外力作用的材料、构件或结构抵抗变形的能力。材料的刚度由使其产生单位变形所需的外力值来量度。结构的刚度除取决于组成材料的刚度外，还同其几何形状、边界条件等因素以及外力的作用形式有关。

膜片表面结冰时，膜片的受力情况发生变化，新增加了摩擦力，即为膜片表面上附着的冰阻止膜片体向上或向下振动的摩擦力的作用，如图 5-7 所示。

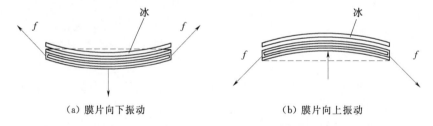

（a）膜片向下振动　　　　　　　　　　（b）膜片向上振动

图 5-7　膜片表面结冰时膜片受力分析图

由图 5-7 可见，产生的摩擦力为冰对膜片的静摩擦力，其作用总是阻止振动体发生形变。膜片向下振动时，膜片径向上延伸趋势将会受到结冰的向上的摩擦力 f，该摩擦力的合力的方向与膜片延伸的趋势方向相反。同样，膜片向下振动时，产生的摩擦力阻止膜片向上振动的趋势。该摩擦力的作用，将使膜片的刚度发生变化，计算为

$$K'=K_0+\Delta K \tag{5-6}$$

式中　K'——由于表面受力分布的改变，改变后的膜片的刚度；

　　　K_0——膜片的原始刚度；

　　　ΔK——由于摩擦力的作用产生膜片刚度的增量。

刚度发生改变，膜片的谐振频率将发生改变，即

$$f'=\sqrt{\frac{K'}{m}}=\sqrt{\frac{K_0+\Delta K}{m}}=f_0+\Delta f \tag{5-7}$$

式中　f_0——初始谐振频率；

　　Δf——结冰使膜片刚度发生改变后，新的谐振频率。

通过试验也可以发现，膜片表面结冰的厚度与该谐振电路的谐振频率具有一一对应的关系，所以，通过检测膜片的谐振频率即电路的工作频率的增量，就可以检测出膜片表面的结冰厚度。

5.3.4　磁致伸缩谐振法结冰传感器

铁磁性物质由于磁场的变化，其长度和体积都要发生微小的变化，这种现象称为磁致伸缩。它是由物质内部的磁畴在其自发磁化方向的长度与其他方向是不同的：在没有外磁场作用时，各个磁畴排列杂乱，磁化均衡；当有外加磁场时，均衡被破坏，各个磁畴转动，使他们的磁化方向尽量转到与外磁场一致。其中长度的变化称为线性磁致伸缩，体积的变化称为体积磁致伸缩。在外磁场的作用下，材料的晶体结构受磁场影响的效果图如图5-8所示。体积磁致伸缩比线性磁致伸缩要弱得多，一般提到的磁致伸缩均指线性磁致伸缩。

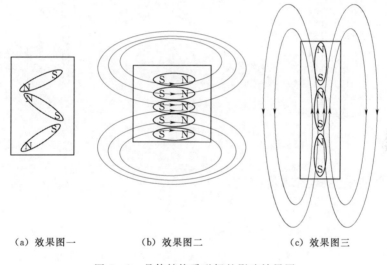

（a）效果图一　　　（b）效果图二　　　（c）效果图三

图 5-8　晶体结构受磁场的影响效果图

当外加磁场为交变磁场时，材料就会发生反复伸长和缩短，从而发生振动。通常采用交变电流来形成交变磁场，对磁致伸缩材料进行驱动控制。由于磁致伸缩材料在方向相反的磁场作用下，形变方向不会改变，因此，若仅加一个交变磁场，磁致伸缩材料的振动频率将为交变磁场的两倍，这种现象称为倍频效应。要得到与交流信号同步的磁致伸缩变化，就必须加一个恒定的偏置磁场。

磁致伸缩式结冰传感器是基于磁致伸缩材料的振动特性设计的，振动体采用振管形式，振管是探测结冰状态的敏感元件，利用具有磁致伸缩能力的恒弹合金作为振管材料。当振管垂直立于环境中时，激振电路为振管提供交变磁场，振管在磁场的作用下产生磁致伸缩作轴向振动，同时信号拾取电路将此机械振动信号转变为电信号反馈给激振电路，使电路谐振与振管的轴向固有频率相同。当振管表面出现冰层时，其轴向固有频率会产生偏移，使电路的谐振频率也产生偏移。通过检测轴向固有频率的偏移量，即可确定结冰状态。

探头结构如图 5-9 所示。振管是由具有磁致伸缩效应的恒弹合金制成，恒弹合金的抗氧化和抗腐蚀能力强，这是制造传感器的关键材料，振管的驱动磁场是由驱动线圈产生的正、负方向可变的交变磁场和永久磁铁产生的偏置磁场叠加而成，使振管的振动频率与交变电流信号的频率一致。信号拾取线圈将此频率信号提取出来经过放大反馈给驱动电路，为增大磁场强度减少漏磁并保证磁场分布均匀，在线圈绕组外设置多层硅钢片形成圆柱封闭磁路。

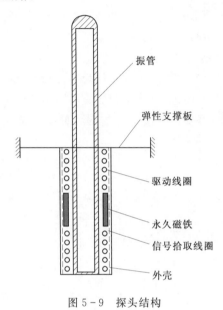

图 5-9　探头结构

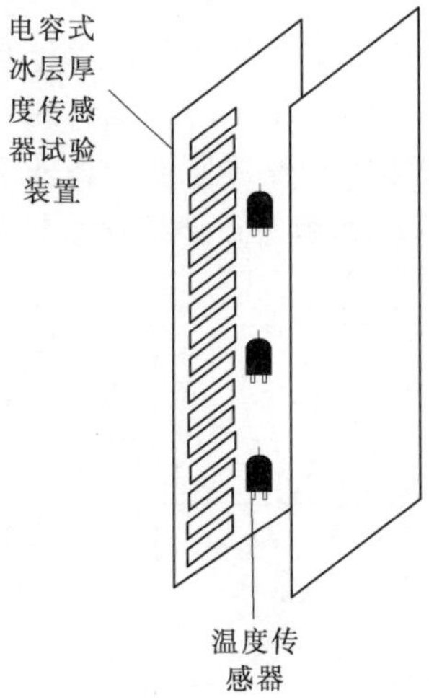

图 5-10　电容式结冰传感器

5.3.5　电容及电阻式结冰传感器

1. 电容式结冰传感器

电容式结冰传感器是利用电容板之间电介质的变化引起电容变化的方法判断是否结冰。根据相关文献介绍，一种使用普通的极板电容，利用不同频率的方波信号对电容进行充放电来判断电容器所处环境，如图 5-10 所示。其中空气的相对介电常数为 1.0，水的相对介电常数在 0℃时为 87.9 左右，当温度升高，水的相对介电常数减小，而冰或雪在 -1～40℃ 之间的相对介电常数与 80℃的水相接近，雪的相对介电常数随雪的密度增大而增大，为判别电容板之间的物质，利用不同频率的方波对电容充放电并检测多频电容上的电压，以此来判断电介质种类。

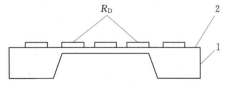

图 5-11　MEMS 应变式结冰传感器结构
剖面示意图
1—固支结构；2—传感器敏感元件

2. 电阻式结冰传感器

电阻式结冰传感器工作原理为当电阻元件受力变化情况来判断是否结冰。现在运用应力式结冰传感器技术开发的结冰传感器主要有 MEMS 应变式结冰传感器。结构剖面示意图如图 5-11 所示。

经过有限元仿真分析得知，平膜上的应力主要沿垂直于平膜边缘的方向，而平行于平膜边缘方向的应力分量很小。最大应力出现在平膜固支结构的中点附近，R_D 主要检测此应力。当平膜表面结冰时，平膜刚度增大，最大应力减小。冰层越厚，平膜刚度越大，最大应力减小的越多，最大应力和冰层厚度呈单调递减关系，因此可以通过检测最大应力的变化来检测冰层厚度。根据电阻应变效应，应变电阻阻值与应力成正比，因此可用 R_D 的阻值表示最大应力。

5.4 结 冰 探 测 系 统

风力机结冰探测是指采用结冰传感器，探测风力机结冰情况，探测结果可以为风力机的控制和运行、防除冰的设计提供依据。采用结冰传感器嵌入至风力机叶片上的方式，这种方式的优点是可以得到比较准确的结冰信息，而且可以全天候检测结冰，但是在完整的风力机叶片上打孔或在叶片生产时预留加工孔，不但会带来额外的制造加工负担，还会破坏叶片的完整性，降低抗疲劳性能。同时将传感器设置在旋转的叶片上，其对其供能的输电线路也会相对复杂。故现有的风力机结冰检测系统通常采用外置式结冰检测方法，其基本思路是将传感器独立集成在与风力机之外的外置结冰探测器上，通过探测该外置结冰探测器的结冰情况，获知风力机结冰情况。采用该方式克服了常规的嵌入式结冰探测的不足，但需要对结冰探测器进行专门的设计。另外，由于要通过探测器结冰反映风力机结冰，还必须建立探测器结冰和风力机结冰之间的联系。

结冰探测器的设计思路如下：

（1）根据风力机的空气流场特性及水滴在风力机流场中的运动特性，给出探测器初步外形及其在风力机上的放置方案。

（2）计算探测器的水滴撞击特性，与风力机的水滴撞击特性进行对比分析，对探测器的外形进行优化。

（3）通过计算，建立探测器结冰和风力机结冰之间的联系。

（4）选取并确定布置结冰探测器表面传感器的位置。

（5）根据结冰对气动特性影响研究的结果，制定探测器结冰的告警准则。

（6）研制相应的结冰探测电子信息系统。

5.4.1 结冰探测器设计方法

结冰探测器设计方法如下：

（1）计算风力机空气流场。

（2）计算水滴运动轨迹。

（3）计算结冰厚度。

为了建立探测器结冰与风力机结冰之间的联系，需要对探测器结冰和风力机结冰情况进行快速计算，结冰厚度计算为

$$h = \frac{f \cdot \beta \cdot LWC \cdot V \cdot \mathrm{d}t}{\rho_i} \tag{5-8}$$

式中　　f——冻结系数（$0 \leqslant f \leqslant 1$）；

β——当地的水滴收集率；

LWC——空气中的液态水含量；

V——来流速度；

$\mathrm{d}t$——结冰时间；

ρ_i——冰的密度。

在设计分析过程中，式（5-8）中取 $f = 1$，LWC、V、$\mathrm{d}t$ 和 ρ_i 均是输入条件，人为给定，因此只有水滴收集率 β 和外形密切相关，需要根据不同的外形通过计算获得。

5.4.2　结冰探测器举例

选用某 1.5MW 级水平轴风力机作为设计对象，该风力机半径为 41m，图 5-12 显示的是风力机构型及坐标，设计和计算时忽略塔架的影响，坐标原点取为风力机轮毂中心，坐标轴方向为：x 轴与远场来流方向一致，y 轴垂直向上，z 轴按右手系确定。计算采用多块对接网格，网格规模为 1800 万。

为了确定探测器的位置，首先计算了绕风力机的空气流场。图 5-13 显示的是绕风力机的空间流线，计算速度为 11m/s，在风力机流场中，空气流线在接近风力机之前，都是与来流风向一致，随着位置接近风轮，流线开始向风力机转动的方向弯折，离风轮平面越近，弯折的幅度越大，在风轮之后，随着位置离开风轮，流线又逐渐恢复至原来的方向。很明显，叶片的转动是导致空气流线偏折的主要原因，同时，由于风力机的转速始终不会太高，流线在风轮之后总会恢复至原来的方向。

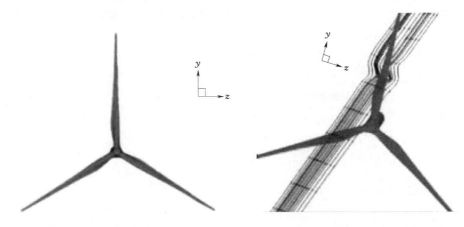

图 5-12　风力机构型及坐标　　　　　图 5-13　绕风力机的空间流线

其次计算了风力机流场中水滴运动轨迹，图 5-14 显示的是直径为 $100\mu\mathrm{m}$ 的水滴在风力机流场中的轨迹和空气流线基本重合，在空气流线弯折之处，水滴在惯性作用下保持原来运动方向的能力更强，因此水滴运动轨迹不如空气流线弯折的幅度大，两者在靠近风轮的前后的分开，随着位置离开风轮，再逐渐恢复并重合。

计算结果说明，叶片的转动不能阻挡水滴通过风轮平面，而风轮之后的机舱上有较多的空余空间，为了保证水滴能撞击在结冰探测器上面（使探测器结冰），同时又不破坏风力机的叶片结构，不影响风力机的气动特性的研究，可以将探测器置于机舱之上。

对于结冰探测器外形，设计的出发点是希望探测器既能反映风力机叶片不同部位的结冰，同时又方便传感器的集成、电子信息系统及线路的安装等。为此，我们提出了图 5-15 所示的布局外形。其中，图 5-15 显示的是探测器的各个方向的视图。整个探测器由四部分构成：第一部分是主体部分，为空心、立式的腔体，其前缘为半圆柱，半径上小下大，半圆柱之后是平滑张开的平面墙，空心的墙体内部可以放置探测器的电子信息系统；第二部分为墙体上方、靠前部的半圆盘；第三部分

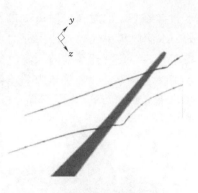

图 5-14 水滴运动轨迹与
空气流线关系

为墙体上方、半圆盘之后的凸起脊背；第四部分为用于螺纹固定的底座；探测器表面圆圈标记是布置传感器的位置。

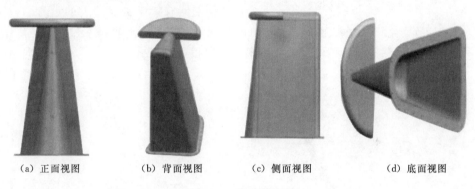

(a) 正面视图　　　(b) 背面视图　　　(c) 侧面视图　　　(d) 底面视图

图 5-15　探测器外形

5.4.3　探测器外形优化

确定了以上探测器的布局和传感器的大致位置，通过迭代计算，对探测器外形进行了优化。优化的基本出发点是基于水滴收集率和结冰变化的两条规律。其中：

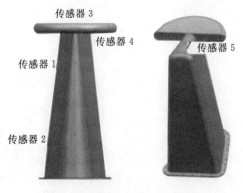

图 5-16　传感器在探测器表面的
位置示意及编号

(1) 与气流相对速度越大，结冰越严重。

(2) 迎风面前缘半径越小，结冰越严重。

为了使探测器的外形设计能够实现预期的设计目标，通过优化计算，得到了探测器的外形和尺寸。图 5-16 给出了传感器在探测器表面的位置示意图及编号。之所以如此布置传感器，主要是希望通过传感器 1 和传感器 2、传感器 3 和传感器 4 组合的探测结果能够反映叶片中部及叶尖的结冰，传感器 5 能够反映冻雨结冰（冻雨从上往下落）。

以叶片 40m 处的水滴收集率代表叶尖处的

水滴收集率，记为 β_1，31m 处的水滴收集率代表叶片中外部的水滴收集率，记为 β_2，22m 处的水滴收集率代表叶片中部的水滴收集率，记为 β_3。记探测器表面传感器 1 处的水滴收集率为 α_1，传感器 2 处的水滴收集率为 α_2，传感器 3 处的水滴收集率为 α_3，传感器 4 处的水滴收集率为 α_4。如果要求传感器 1 和传感器 2 的结冰能够反映风力机叶尖和叶片中外部的结冰，则有

图 5-17　传感器在探测器放置于机舱之上的示意图

$$(\beta_1/\beta_2)_{\text{叶片}}=(\alpha_1/\alpha_2)_{\text{传感器}} \quad (5-9)$$

如果要求传感器 3 和传感器 4 的结冰能够反映风力机叶片中部和中外部的结冰，则有

$$(\beta_2/\beta_3)_{\text{叶片}}=(\alpha_3/\alpha_4)_{\text{传感器}} \quad (5-10)$$

将探测器置于机舱之上，进行探测效果的数值仿真。计算的水滴直径分别为 $20\mu m$、$40\mu m$ 和 $100\mu m$，图 5-17 给出了探测器放置于机舱之上的示意图，图 5-18、图 5-19 分别给出了水滴直径为 $40\mu m$ 时，探测器表面水滴收集率云图。仿真结果显示，探测器表面传感器位置处的水滴收集率，可以很好满足式（5-9）和式（5-10）的要求。

图 5-18　叶片表面水滴
收集率云图

图 5-19　探测器表面水滴
收集率云图

5.4.4　结冰探测器专利与产品介绍

1. 典型专利

目前国内外真正有效的结冰探测与检测系统还很少，本节在此简单介绍几例。

（1）某风电设备有限公司提出了一种用于探测风力机叶片是否结冰的装置的专利，如图 5-20 所示。

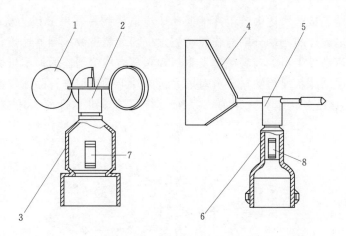

图 5-20 一种用于探测风力机叶片是否结冰的装置

1—风杯；2—第一转子；3—第一定子；4—风标；5—第二转子；

6—第二定子；7—第一加热装置；8—第二加热装置

该专利提出了一种用于探测风力机叶片是否结冰的装置，包括第一风速风向仪与第二风速风向仪，还包括用于比较所述第一风速风向仪与所述第二风速风向仪的采样值，并且能够报警的判断模块。第一风速风向仪包括第一风速传感器与第一风向传感器，第二风速风向仪包括第二风速传感器与第二风向传感器，第一风速传感器设置有第一加热装置，第一风向传感器设置有第二加热装置。与现有技术中采用专门的探冰传感器相比较，该方案通过实时比较第一风速风向仪与第二风速风向仪的采样值，并结合判断模块的判断与报警，就可以实现对叶片是否结冰的探测，大大降低了探测叶片是否结冰的成本，并简化了结构。

（2）某大学提出了基于振动检测的风力机叶片覆冰状态监测装置的专利，如图 5-21 所示。该装置包括振动传感单元、数据采集单元和监测处理单元。振动传感单元实时采集风力机叶片在运行时的振动信号并输出给所述数据采集单元，数据采集单元将输入的振动信号进行放大、滤波以及模数转换后输出给所述监测处理单元，监测处理单元根据振动信号诊断风力机叶片的当前覆冰

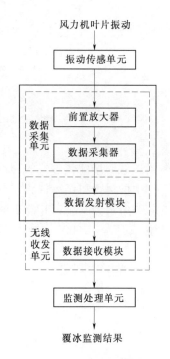

图 5-21 基于振动检测的风力机叶片覆冰状态监测装置

状态并输出覆冰监测结果。本装置具有检测准确实时、不损伤叶片、无需施加载荷或者激励、使用简单方便的优点。

（3）某大学提出了风力机叶片结冰检测与除冰作业组合机构的专利，如图 5-22 所示。该装置在空心风力机叶片上固装两片主振动压电陶瓷及若干辅振动压电陶瓷，所述的两片主振动压电陶瓷配置在空心风力机叶片内壁共振点处，导线将主超声波发生器与主振

动压电陶瓷的两端连接;所述的若干片辅振动压电陶瓷配置在空心风力机叶片外表面上,导线将辅振动压电陶瓷的两端分别与辅超声波发生器和超声波检测器连接;控制系统通过导线分别与主超声波发生器、辅超声波发生器和超声波检测器连通;本机构既可完成对风力机叶片表面冰层结冰状况检测,又可对风力机叶片上的冰层进行除冰作业,具有结构新颖、简单、作业项目多、作业效果好、系统运行平稳、可靠性好、适应环境能力强的特点。

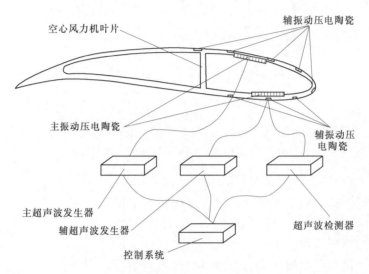

图 5-22 风力机叶片结冰检测与除冰作业组合机构

2. 典型产品

虽然针对结冰传感器的理论研究很多,简单的试验装置也有出现,但是真正运用到实际工作中的风力机结冰传感器及配套的检测系统还较少。其中国外已有相关产品的研发,图 5-23 所示为某公司开发出的 GIM-0020 结冰监测预警系统及 GIM-0010 结冰监测预警系统。

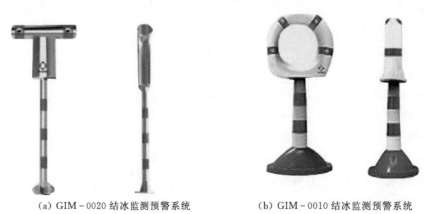

(a) GIM-0020 结冰监测预警系统　　　　(b) GIM-0010 结冰监测预警系统

图 5-23 某公司开发的风力机结冰监测预警系统

这两款预警系统能够对各类水平轴风力机的结冰情况进行在线监测,给出叶片结冰的厚度和具体分布信息，实时评估结冰危害，并根据危害程度发出相应的控制指令，保护结冰气候下风力机的运行安全。

　　该产品的原理是基于风力机与产品在不同的气象条件下结冰的相似关系，根据光纤传感器上的结冰信息得到风力机叶片不同位置处的结冰特征分布情况，进一步结合空气动力学及结构力学的理论方法，评估结冰的危害并发出相应的控制指令。

第6章 风力机叶片防除冰技术

结冰给风力机的安全、高效运行带来了很大问题。因此，各国研究者与风力机厂家对防除冰的研究非常重视。经过多年的发展，防除冰技术有了很大程度的进步。本章主要介绍风力机叶片的防除冰基本理论以及当前较常见防除冰方法和系统。

6.1 风力机叶片防除冰简介

结冰现象给风力机安全运行带来严重干扰，因此为风力机配装经济、有效的防除冰系统十分必要。图6-1所示为国外某研究成果显示的有无安装除冰装置的风力机叶片图片。通常，对于风力机的机舱、导流罩等部件而言，由于过冷水滴撞击量较少，同时齿轮箱在运行过程中也会释放一定的热量，一般情况下结冰量较少。然而，对于风力机叶片、风速风向仪等部件则受到结冰影响较大。风速风向仪都配有大功率的加热器来进行防护，保证其在低温环境下的正常运行。

 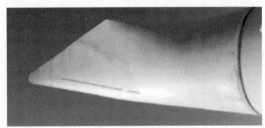

(a) 无除冰装置   (b) 有除冰装置

图6-1 有无除冰装置的风力机叶片对比

风力机叶片防除冰方法多是借鉴于飞机的防除冰方式，但将其分为防冰系统和除冰系统。防冰系统是指在结冰前采取手段使风力机叶片表面不产生结冰；而除冰系统是在风力机叶片表面结少量的冰后，及时将冰除掉。对于飞机结冰有多种形式的除防冰手段，如在机翼表面喷涂防冰涂层、大功率电加热法、人工机械法防除冰等。虽然这些方法成本较高，需要耗费大量的能源，但由于飞机涉及人身安全，所以飞机的防除冰可在一定程度上不计成本，而尽量追求效果。但对于风力机还是要综合考虑其经济性、实用性和高效性。由于防除冰的动力主要来自于其发出的电量，因此，各种方法的效率尤其受到风力机厂家和风电场运行管理机构的重视。另外，由于风力机叶片主要为玻璃纤维或者碳纤维材料，叶片长、尺度大、形状复杂，而且是整体加工，与飞机蒙皮的各项性能差别较大，所以风力机叶片的防除冰系统也相对复杂。

6.2　典型防除冰方法

图 6-2 所示为当前风力机叶片的主要防除冰方法,即被动法、主动法和联合法三种。

(1) 被动法。如曾经研究过专用的叶片结构,使其不宜发生结冰现象,但效果并不理想。还曾有人将叶片涂成黑色,利用其蓄热效应来融冰,效果也不是很好。现在,随着材料科技的快速发展,一些疏水材料被应用在风力机叶片上,除冰效果较为显著。

(2) 主动法。从原理上是利用热和机械两种途径来实现。利用热效应包括腔体加热、实体加热、表面加热和冰块加热。机械法主要有超声振动除冰和非超声振动除冰,其中非超声振动除冰又有人工除冰和冲击除冰。

(3) 联合法。现在,风力机厂家多采用联合法,即采用被动法与主动法相结合,采用防结冰叶片涂层,又在叶片内部安装电加热装置,有的还安装微波振动等,用多种方法来防除冰。

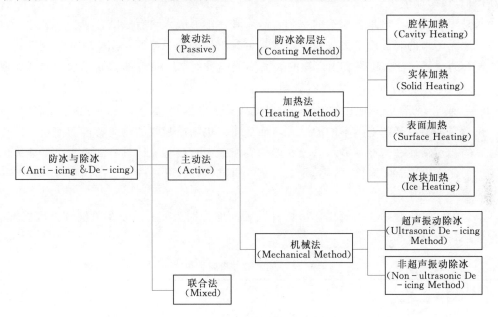

图 6-2　主要风力机叶片防除冰方法

6.2.1　被动法

被动法防除冰主要是利用防冰涂层,在风力机叶片表面上覆涂具有憎水性能的涂料,降低冰与衬垫表面的附着力,虽不能防止冰的生成,可使撞击到风力机叶片上的水滴及冰晶的黏附力明显降低,可使冻雨或覆雪在黏结到风力机叶片之前就可以在气动力、离心力及重力联合作用下滑落。同时防冰涂层也可以是黏附在风力机叶片上的积冰附着力降低,可以达到防止覆冰、减小冰害的目的。在现有的研究中,未见有完全阻止水结冰形成的涂料,而是最大限度地减小冰与物面之间的结合力。

防冰涂层的关键技术是降低冰与物面间的黏附力,为了降低冰的黏附力就必须降低物面的可湿性,使其具有憎水性或疏水性,即降低其反应性和表面力,使其更具惰性,更不渗水。由此产生的高接触角 θ 将更有可能在交界面留有空气，如图6-3所示。吸留空气可以阻止跨越界面交换吸力，减小黏附力，造成不均衡的应力集中，使之发生裂纹并扩张，导致附着力失效，产生防冰效果。

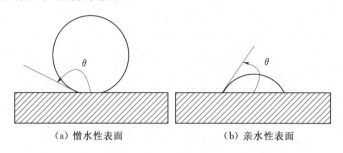

（a）憎水性表面　　　（b）亲水性表面

图6-3 材料特性

6.2.1.1 化学原理

水易于氢黏合，这是冰构造的基础，故水和冰能够吸入具有氢结合成分（氧原子）的衬底，冰黏附力的表面应是无氧原子，或是更具惰性的原子或原子团将氧原子隔开。

聚合的碳氢化合物和碳氟化合物的表面为低能表面，因而也具有低吸水性和低冰黏附力。因此防冰涂料的重点应放在有碳氢化合物"$-CH_2-$"或"$-CH_3-$"和碳氟化合物"$-CF_2-$"或"$-CF_3-$"链或尾的聚合物，以提高低能、惰性、憎水、无湿和接触角高的表面。

化学亲和力或亲和能随不同的原子对而变化，也随所吸收的物质特性而变化，因而影响衬底的相对活性和惰性。显示高界面能的高能表面对接触流体具有高吸力，低能表面则相反。低能表面具有相对惰性，其剩余力更能自满足，这既反映亲和能的强度，也反映所涉及的原子的尺寸。

聚合的碳氟化合物和碳氢化合物具有低表面能，因为C-F涉及单键碳，因此C-F结合最强，但其亲和能则最高，见表6-1。

表6-1 单键结合物的亲和能　　　　　单位：MJ·kg/mol

结合物	C-F	C-H	C-Cl	C-O	C-N	O-H	C-Br
亲和能	442	414	329	352	292	463	276

因此具有低吸水性和低冰黏附力，如特氟隆（Teflon，即PTFE聚四氟乙烯）、聚乙烯和其他此种表面的有机聚合物。其他结合虽具有更高的亲和能，但不易单独显现，或者其中包含O和N。在未隔离的地方，其H—的结合能增强了对冰的水的吸附力，如环氧树脂和聚酯树脂等。

6.2.1.2 物理原理

W Barthlott和C Neinhuis系统研究了荷叶表面的自清洁效应，发现荷叶表层生长着纳米级的蜡晶，使荷叶表面具有超疏水性，同时荷叶表面的微米乳突等形成微观粗糙表面，超疏水性和微观尺度上的粗糙结构赋予了荷叶"出污泥而不染"的功能，也就是荷叶效应。中科院江雷等研究发现荷叶表面乳突（平均直径 $5\sim9\mu m$）上还存在纳米结构，这种微米结构与纳米结构相结合的阶层结构是产生超疏水和自清洁效应的根本原因。研究表明，荷叶表面的超疏水性能来自于两个原因：荷叶表面的蜡状物和表面的特殊结构（图 6-4），荷叶表面有序分布有平均直径为 $5\sim9\mu m$ 的乳突，并且每个乳突表面分布有直径 124nm 的绒毛，荷叶表面的特殊结构和低表面能的蜡质物使得荷叶表面具有超疏水功能与自清洁功能。

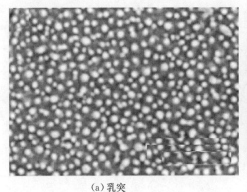
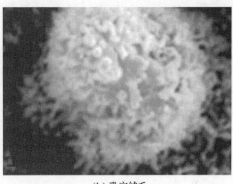

(a) 乳突　　　　　　　　　　　　　　　(b) 乳突绒毛

图 6-4　荷叶表面 SEM 图

一般来讲，液体对固体的浸润程度以接触角表示，涂层表面接触角大于 $90°$ 的称为疏水涂层，大于 $150°$ 的为超疏水涂层。当材料表面达到超疏水能力，及水接触角在 $160°$ 以上时，材料对水的黏附力就很小了。当疏水角接近 $170°$ 时，将材料仅倾斜 $1°$，水珠在重力的作用下就会滚动。研究表明，水与表面的接触角越大，即表面的疏水性越好，则水珠越晚开始冻结。荷叶表面与水滴接触角度平均为 $160°$，最大接近 $180°$ 的极限值，因而利用"荷叶效应"制成的憎水性涂料在输电线路防冰中有重要的实用意义。

6.2.1.3　防冰化学涂料的分类及特性

在绝缘子防污闪技术措施中，主要是使用有机硅涂料，如硅油、硅脂、长效硅脂、地蜡以及室温硫化硅橡胶（PTV）、防污闪复合涂料（PRTV）等。

（1）硅油。硅油具有较好的稳定性和绝缘性以及憎水性和柔韧性，还具有良好的耐电晕、电弧性，防潮性，黏度变化小，表面张力小，化学性稳定，无毒无味等优点。硅油可采用（带电）喷涂，但要流淌，造成浪费，且涂层较薄。而且涂刷方法简单易行，清除也很容易。缺点是有效期太短，涂后比无涂料的表面更显脏污，外观不好看。

（2）硅脂、长效硅脂。硅脂、长效硅脂是一种高分子化合物，由硅油和二氧化硅粉末按一定比例混合而成，再经三甲基氯硅烷处理后得到的糊状物质。硅脂克服了硅油寿命短的缺点，它的基本性能与硅油完全相同，防污闪作用原理也与硅油相同，不同之处是涂层相应增厚，硅油的存储量相对增多，于是绝缘子表面就有更多的硅油发挥憎水性，对落在其表面的灰尘起浸润覆盖、吞噬的作用，因而延长了防污闪的有效期。国内主要用毛刷涂敷硅脂。硅脂的使用寿命取决于涂层的厚度和当地污秽成分两个因素。

（3）地蜡。地蜡是熔点为 75℃ 的黄色固体物质，具有强憎水性，涂刷在绝缘子表面后，水滴落在瓷件表面上成分裂的小水珠，污秽物溶解后不会形成连续导电膜，提高污秽绝缘子的闪络电压。

（4）硅树脂。硅树脂是高度交联的网状结构的聚有机硅氧烷，通常是用甲基三氯硅

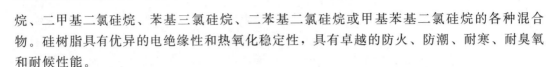

烷、二甲基二氯硅烷、苯基三氯硅烷、二苯基二氯硅烷或甲基苯基二氯硅烷的各种混合物。硅树脂具有优异的电绝缘性和热氧化稳定性，具有卓越的防火、防潮、耐寒、耐臭氧和耐候性能。

（5）室温硫化硅橡胶（PTV）。室温硫化硅橡胶（PTV）是一种无色透明的液体。具有优异的憎水性能，且其憎水性具有迁移特性。当涂层表面积聚污秽后，由于硅烷小分子的迁移作用，污秽层表面仍能够保持憎水性；RTV 涂料还具有恢复性能，电弧或长时间水浸等因素导致涂层表面憎水性暂时丧失或减弱，但电弧或水浸等因素消除后，经过一段时间其表面的憎水性可恢复，表面无腐蚀和漏电痕迹。

（6）防污闪复合涂料（PRTV）。PRTV 涂料具有优于 RTV 防污闪涂料的憎水性及憎水迁移性，同时具有一定的憎油性和良好的不粘性。采用特殊技术处理后 PRTV 内部所具有的改性的负极性分子基团远比 RTV 涂料丰富，这也是其使用寿命超长的原因之一。

6.2.2　主动法

6.2.2.1　加热法

热能防除冰是利用一些生热装置来加热风力机叶片表面，使表面的温度超过冰熔点，从而达到防除冰的效果。而根据加热位置的不同又可分为：叶片腔体加热，叶片实体加热、叶片表面加热、覆冰直接加热等，下面根据不同的加热方式进行介绍。

1. 腔体加热

风力机叶片腔体加热法是通过对叶片腔体内空气的加热，使热量通过风力机叶片传递到表面进而使其温度达到 0℃以上，起到防除冰的目的。

采用该种方式的主要手段是在机舱部位加装热鼓风机，通过热鼓风机将叶片腔内的空气加热，或者将机舱中变速箱及发电机转动产生的热量引入到叶片腔中。根据德国 Enercon 公司实际运行经验，通过热气流加热叶片表面是实现风轮叶片防除冰的主要方法。一般是由安装在机舱的发热装置，通常为热鼓风机，热空气从主导气管深入到风力机叶片的尖部，再通过导气管上的气孔喷射到叶片上，通常为叶片翼型的前缘部分，热量通过风力机叶片传导至外表面，保持外表面温度在水的冰点温度之下，之后空气经过腔体回流到鼓风机入口。该方法不仅适用于待建风场中的风力机，同样可用于现有的建成的风场中的风力机。但是对整个叶片腔进行加热，存在以下问题：

（1）整个叶片腔加热，所需能耗较高，效率较低，不经济。

（2）对于风力机叶片而言，在叶片根部加热，热量对流到叶片尖部相对困难，造成能量浪费。

（3）对于风力机叶片的某一位置的翼型，其结冰多发生在前缘部分，在尾缘部分结冰量较少或几乎不结冰，对整个叶片加热显然是不合理的。

为解决上述问题，有的研究人员提出了在叶片腔内布置合理的气道，可在一定程度上提高加热效率，降低成本。但问题是要充分探明叶片的结冰机理，了解在不同条件下的结冰特征，才能合理有效地布局加热结构，实现最佳的防除冰效果。

采用叶片腔气流加热方式，虽然具有一定的可行性，但也存在诸多问题，最主要的是受叶片结构的限制，同时叶片材料的导热系数较小且厚度较厚，该种方案在小型风力机叶片上具有可行性，但是对于大型风力机叶片的除冰效果不太理想。

2. 实体加热

风力机叶片实体加热技术是将电热元件布置在风力机叶片的壳体内，通过该加热装置散发热量将风力机叶片加热至0℃以上，起到防除冰的目的。

传统的电热除冰技术是将金属电阻丝或金属网，布置在叶片中，在叶片的长期运转过程中，金属电阻丝或金属加热元件与叶片之间容易产生界面问题，并存在局部过热损坏叶片材料的危险。近年来发展起来的高分子电热膜式面状发热材料，与被加热体型形成最大限度的导热面，传热热阻小，通电加热可以很快传给被加热体。

高分子电热膜本身温度不会升至太高，通过选择合适的基体，可以与叶片材料之间具有良好的界面结合力，同时现阶段的风力机叶片多是采用蒙皮铺层结构，采用真空辅助灌注成型工艺，这也很好地契合了高分子电热膜的特性。

图6-5所示为牟书香等人做的基于高分子电热膜的风力机叶片复合材料试验件示意图。试验表明，将高分子电热膜布置在靠近叶片蒙皮外表面的浅表层中时，在低温环境中对蒙皮表面的加热效果较好，同时不会影响叶片的气动外形且可避免外界恶劣环境的侵袭，而将高分子电热膜布置在叶片蒙皮内表面或内浅表层中时对叶片表面的加热效果较好。

3. 表面加热

风力机叶片表面加热是指在风力机表面涂刷光热型涂料，该种涂料能够吸收光热。该种

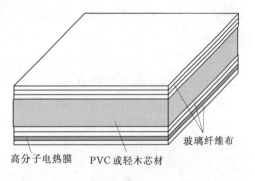

图6-5 基于高分子电热膜的风力机叶片复合材料试验件示意图

涂层不仅需要具备稳定性及良好的光学选择性，还要具备节能环保、耐气候性强、经济性好等特性，然而在实际工作中还存在着诸多问题。首先，由于昼夜温差原因，夜间风力机结冰要比白天严重，而该种方案明显是不能工作的；其次，位于风力机表面的涂层会受外界环境影响，随着时间的增加，一方面其化学性质发生变化，另一方面也容易发生脱落现象。

4. 冰块加热

对叶片表面的覆冰进行直接加热也是一种方法。如对叶片表面直接吹热气或者热水直接进行喷淋等。以前对于小型风力机叶片有这样操作过的实例。现在，欧洲有的厂家专门用直升机来进行热气或者热水冲击叶片表面结冰，效果很好，如图6-6所示。

另外，还可以基于微波物理热效应的原理，进行微波热除冰。通过安装在塔架上的微波发生器，产生的微波被风力机叶片的覆冰吸收，使覆冰融化飘落。

首先介绍微波加热工作原理。微波是一种能量形式，电磁波的一种，在介质中可以转化为热量。材料对微波的反应可以分为四种情况：穿透微波；反射微波；吸收微波；部分吸收微波。介质从电结构上分为无极和有极分子电介质。通常它们是无规则排列，如把它们置于交变电场中，这些介质的极性分子取向将会随电场极性变化而变化，称为极化。外电场越强，极化作用越强，外电场变化越快，极化越快，分子的热运动和相邻分子间摩擦也越剧烈。从而实现电磁能向热能转化。由极性分子组成的物质，能较好的吸收微波，水

139

图6-6 利用直升机进行风力机叶片除冰

分子是吸收微波最好的介质，所以叶片上的覆冰能很好地吸收微波。另一类由非极性分子组成，它们基本上不吸收或很少吸收微波，这类物质有塑料制品、玻璃纤维、陶瓷等。对于风力机叶片结冰，微波发生器发生微波，穿过风力机叶片而被其上的覆冰直接吸收，进而对其加热而实现防除冰目的。

微波加热是依靠物料吸收微波并将其转化为热能，它完全区别常规的加热方式。但是大型的微波发生器耗能巨大，在开放空间中进行微波加热的可行性还待考察，离真正投入使用还有相当长的路。

6.2.2.2 机械法

机械法除冰，是通过机械的方法将冰破碎，然后通过空气动力、离心力及重力联合作用将冰从其表面清除。机械除冰在飞机领域有两种典型的方法，即膨胀管除冰和电脉冲除冰。其中：①膨胀管除冰是在结冰区域设置较多的膨胀胶管，当结冰时，胶管充气膨胀使冰破碎；②电脉冲除冰是通过电流脉冲激励线圈产生变化磁场，该变化磁场在机翼蒙皮上产生涡电流和感应磁场。作用在线圈和金属板上的两个磁场方向相反，于是在金属板和线圈之间产生一对斥力，该斥力使蒙板在弹性变形范围进行小振幅、高加速的运动，这样蒙皮表面积冰容易被轻松击碎，继而脱落。典型的飞机除冰方法，如图6-7所示。

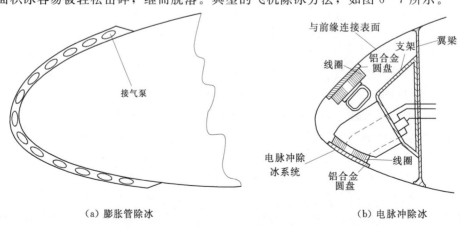

(a) 膨胀管除冰　　　　　　　　　　　　　(b) 电脉冲除冰

图6-7 典型的飞机除冰方法

将典型的飞机除冰方法应用到风力机叶片除冰领域存在着诸多难题。首先对于现阶段采用的玻璃钢材料的整支叶片，加装膨胀管无疑极大的增加加工成本及加工难度，且可行性有待验证。对于电脉冲除冰适用的是铝制蒙皮，要想采用该种方法需要在风力机叶片中布置铝板，同时电脉冲装置较大，加装在风力机叶片中难度较大。因此，单纯的机械法除冰还处于理论研究及试验阶段，其应用到风力机除冰上还有许多问题需要解决。

近年来，随着压电材料的发展，采用压电除冰得到了重视和不断研究。目前针对压电除冰的研究主要分为两个方面：一种是在超声频率范围内的超声除冰法；另一种是在低频范围内进行的压电振动除冰法。

风力机桨叶是由各向异性玻璃钢材料通过铺层而成，采用压电耦合技术激发的超声波在桨叶上传播时，如果各层材料的弹性常系数刚度矩阵存在差异，就会在两层铺层的界面处产生波速差，从而产生差动的剪切应力，如果该应力大于覆冰的最大黏附应力，可使覆冰脱落，达到除冰目的。图6-8为李录平等人设计的高频超声波除冰试验装置。

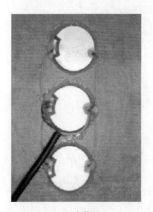
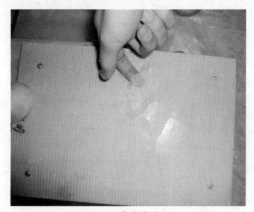

（a）试验装置　　　　　　　　　　　　　　（b）除冰效果

图6-8　高频超声波除冰试验装置

某大学利用结冰风洞试验的方法对超声微振动的防除冰效果进行了初步的试验研究，如图6-9所示。

由图6-9可见，无论铝板表面是否存在超声振动，当温度偏低时［图6-9（a）］，积冰的形式以霜冰为主且表面较疏松；当温度偏高时［图6-9（c）］，积冰的形式为明冰且表面较致密。上述试验结果表明，温度是决定铝板结冰形式的主要因素，与结冰表面是否存在超声振动无关。此外，从图6-9中还可以看出，在两种结冰形式下，有超声振动的铝板表面较光滑，结冰粒度较小，分布较均匀。无超声振动的铝板表面较粗糙，结冰粒度较大且分布不均匀。分析导致上述试验结果的原因是超声振动使滴落在铝板表面的水滴产生流动，在冻结前水滴的平均间距变小，水膜层厚度减小，分布较均匀，结冰后表面粗糙度低，颗粒度较小。上述试验结果表明，超声振动可以降低流场环境下空气动力学装置结冰表面的粗糙度，降低结冰对气动性能的影响，提高设备运行的可靠性、安全性和工作效率。此外，超声振动的振幅较小（约几微米），不影响空气动力装置的表面形状及其气动性能。

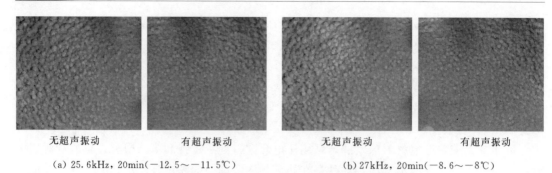

　　无超声振动　　　　　有超声振动　　　　　　　　无超声振动　　　　　有超声振动

　　（a）25.6kHz，20min（−12.5～−11.5℃）　　　　　　（b）27kHz，20min（−8.6～−8℃）

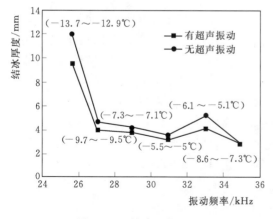

　　无超声振动　　　　　　　　有超声振动

（c）29kHz，20min（−7～−6.6℃）

图 6 - 9　不同条件下，有无超声振动的平板结冰对比图

　　由图 6 - 10 可见，铝板在超声振动的条件下，结冰厚度小于无超声振动铝板的结冰厚度。

　　对于非超声振动除冰，关键在于应用压电效应激发出叶片的模态，在冰和叶片之间产生大于临界剪切应力的应力从为使冰脱落。其原理如图 6 - 11 所示。方法分为正向和反向两种，正向是指确定压电元件的分布位置，研究该分布位置下的最佳振动频率，反向研究模式是把需要除冰的位置作为已知量，研究对待特定除冰位置下的最佳模态，然后依据最佳振型研究合适的压电元件尺寸和分布方式，这种研究模式更贴近实际应用。图 6 - 12 为某大学研究的非超声振动防除冰装置。

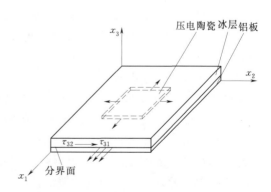

图 6 - 10　结冰厚度对比　　　　　　　　　　　图 6 - 11　非超声振动防除冰原理

6.2.3 防除冰典型方法专利介绍

虽然国内外对风力机的防除冰技术研究了多年，取得了一些成果，但应该说当前还没有完全真正解决风力机叶片的结冰问题，得到实际应用的防除冰装置还很少。然而，很多学者和厂商提出来很多好的想法，申请了专利，对防除冰技术进行了很好的尝试。在此，根据中国专利信息服务平台公开的数据，分析介绍一些有代表性的专利。

图6-12 非超声振动防除冰装置

1. 被动法

（1）某大学提出了一种具有除冰防冻功能的碳纤维增强风力机叶片的实用新型专利，如图6-13所示。它包括叶片本体，叶片本体的外侧从内向外依次设有碳纤维发热层、导热绝缘层和胶衣层，碳纤维发热层包括碳纤维布和分别套设于碳纤维布上的第一电极、第二电极，碳纤维布中设有用于通过发热除冰防冻的碳纤维，碳纤维分别与第一电极和第二电极连接导通；叶片本体包括两个玻璃纤维布层和夹芯隔热层，夹芯隔热层夹持固定于所述两个玻璃纤维布层之间。本实用新型具有整体均匀加热特征，对叶片气动性能影响小、除冰效率高、除冰防冻效果好、使用安全、易于维护、结构简单、安装方便、防磨损防腐蚀性能好、结构力学性能好、使用寿命长的优点。

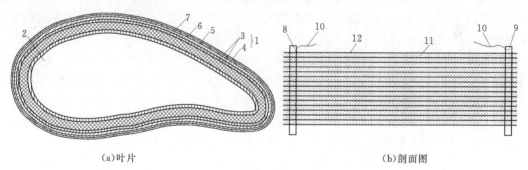

（a）叶片　　　　　　　　　　　　　　　　（b）剖面图

图6-13 具有除冰防冻功能的碳纤维增强风力机叶片

1—叶片本体；2—叶片空腔；3—玻璃纤维布层；4—夹芯隔热层；5—碳纤维发热层；6—导热绝缘层；
7—胶衣层；8—第一电极；9—第二电极；10—导线；11—碳纤维布；12—碳纤维

（2）某公司提出了一种用感应或辐射对如风力机叶片、飞机翼总体结构表面除冰的专利，如图6-14所示。电磁感应或IR/微波辐射用于加热大体结构的表面上的层或涂层，由此该层优选包括传导颗粒例如碳纳米粒子，例如石墨、碳纳米管、碳纳米锥体、粉末形式的金属，金属化的玻璃珠，碳纤维、切碎的或作为编织的结构等，所有统称为碳纳米管（CNT）或锥体或金属粒子，含量为0.01%重量以上。热导体例如氮化硼可用于提高传入该表面的热量。公开的结构保护微波发射器使其免受雷电接收元件的损伤，且该雷电接收元件在雷电出现时需保护完整结构。可从该结构内部以及从外部同时提供辐射。

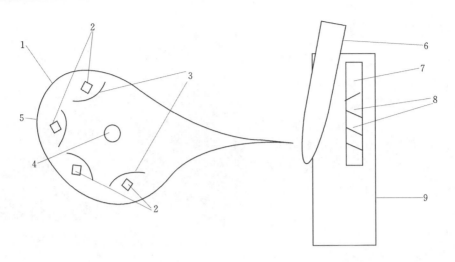

(a) 风力机叶片的侧面示意图　　　　　(b) 风力发电翼通过微波辐射除冰的示意图

图 6-14　用感应或辐射对如风力机叶片、飞机翼总体结构表面除冰
1—外皮/组合物；2—微波发射器或电磁管；3—屏蔽元件；4—防雷系统；5—前缘；
6—机翼；7—波导管；8—狭孔；9—塔

（3）某公司提出了一种具有防除冰功能的风力发电机叶片前缘保护层的专利。该发明创造提供由一种具有防除冰功能的风力发电机叶片前缘保护层，由环氧改性聚氨酯树脂和碳纤维布复合制成；所述环氧改性聚氨酯树脂为邵 A 硬度在 90 及以上，黏度（25℃）在 $500\sim4000mPa\cdot s$，玻璃化转变温度在 $-30℃$ 及以下的环氧改性聚氨酯树脂；所述碳纤维布为面密度在 $200\sim600g/m^2$ 之间的碳纤维布。该发明创造的保护层能够一体快速成型，在对叶片前缘实施耐磨和防腐防护的同时还可实现除冰防冰效果。

（4）某公司提出了一种适用于风力机叶片的防冰、耐磨涂层的专利。此涂层至少包含两种组成部分，即聚氨酯树脂和聚氨酯树脂质量的 $3\%\sim15\%$ 具防冰性质的固体添加剂。固体添加剂的介电常数范围为：$1\sim4$，粒径范围为 $0.5\sim200\mu m$，密度为 $0.8\sim4g/cm^3$。所述聚氨酯树脂，是由 A、B 双组分反应而成。A 组分至少包含脂肪族异氰酸酯或者脂肪族异氰酸酯衍生物或者脂肪族异氰酸酯预聚物。B 组分至少包含羟基丙烯酸树脂，或聚酯多元醇，或聚醚多元醇，或者聚天冬氨酸酯，或者小分子多元醇扩链剂。该发明同时具有防冰和耐磨的性能，涂层与冰的黏结力小于 300N，磨耗小于 50mg，适用于风力发电机叶片的防护涂料。

2. 主动法

（1）某公司提出了一种大功率风力发电机叶片模块化气热抗冰系统的实用新型专利，如图 6-15 所示。该系统包括叶片、塔筒、设置在叶片内的抗剪腹板、可拆卸的加热系统和连接加热系统的通风管道、挡风板，所述加热系统设置在叶片的根部，所述加热系统包括鼓风机模块、连接鼓风机模块的加热模块、供电控制模块、无线控制模块，所述供电控制模块和无线控制模块设置在加热模块侧旁；所述通风管道安装在抗剪腹板上，挡风板设置在距通风管道末端 100mm 处的通风管道外围。该实用新型叶片具有防冰及除冰能力，可以增加冬天风机发电效率，降低整机载荷和整机运行风险；叶片具有模块化气热抗冰系统，能够用于已经挂机运行的风力机叶片中，实现风力机叶片的防冰效果。

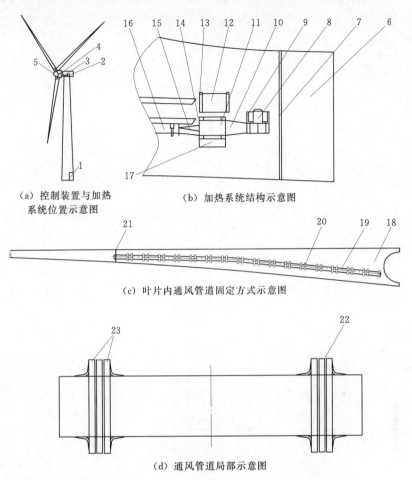

（a）控制装置与加热
系统位置示意图

（b）加热系统结构示意图

（c）叶片内通风管道固定方式示意图

（d）通风管道局部示意图

图 6-15　一种大功率风力机叶片模块化气热抗冰系统

1—控制装置；2—机舱控制柜；3—电缆；4—滑环；5—加热系统；6—叶片；7—叶片叶根挡板；

8—鼓风机；9—鼓风机专用支架；10—梯形通风连接管；11—加热器；12—电气箱；

13—电气箱支架；14—加热器支架；15—梯形通风管；16—连接管；17—无线箱；

18—抗剪腹板；19—通风管道；20—通风管道专用卡扣；21—挡风板；

22—管道固定专用上卡扣；23—管道固定专用下卡扣

（2）某大学提出了一种大型风力发电机叶片除冰方法的专利，如图 6-16 所示。该方法包括：①利用结冰探测器采集结冰信号，并将信号输入结冰速率解算器，结冰速率解算器发出速率信号输入控制器，控制器启动空气加热系统，鼓风机将热空气输入叶片内的循环通道中进行热交换；②液态水含量探测器检测冰层吸热融化产生的液态水，并将信号输入液态水生成速率解算器，液态水生成速率解算器发出速率信号输入控制器，生成速率大于零并且不断加快时，变桨系统和偏航系统形成先加速后减速运动，叶片产生颤振并抖掉冰层。该发明采用先加热再颤振的方法，能够降低冰层与叶片结合的紧密度和黏附力，从而降低颤振除冰的颤振幅度，既得到充分除冰，又节省能量，且安全性和可靠性更高。

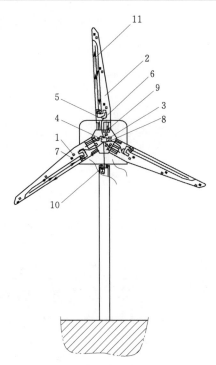

(a)大型风力机叶片除冰装置的结构示意图

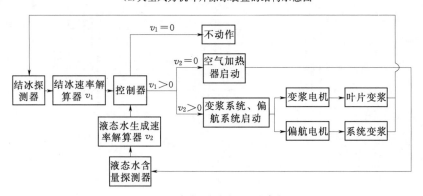

(b)大型风力发电机叶片除冰原理

图 6-16　大型风力机叶片除冰方法

1—结冰探测器；2—叶片；3—结冰速率解算器；4—控制器；5—空气加热系统；

6—鼓风机；7—液态水含量探测器；8—液态水生成速率解算器；

9—变桨系统；10—偏航系统；11—循环通道

（3）某公司提出了一种风力机叶片除冰装置的专利，如图 6-17 所示。该装置包括控制柜、电磁屏蔽板、双绞线、电磁发生器、叶片主体、导磁铁网、结冰探测器、防雷线和雷接线盒，所述叶片主体迎风向铺有导磁铁网，根部位置设置有电磁屏蔽板；所述叶片主体迎风向还安装有结冰探测器，结冰探测器通过双绞线与控制柜连接；所述电磁发生器安装在叶片主体的内部，且靠近导磁铁网；所述电磁发生器与控制柜连接；所述导磁铁网与防雷接线盒通过防雷线连接。该实用新型结构简单，成本低廉，具有较好的自动除冰功能，比较利于大范围推广。

（4）某公司提出了一种风力发电机组除冰系统的专利，如图 6-18 所示。该风力机叶

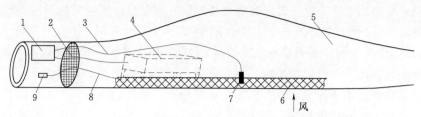

图 6-17　一种风力机叶片除冰装置

1—控制柜；2—电磁屏蔽板；3—双绞线；4—电磁发生器；5—叶片主体；

6—导磁铁网；7—结冰探测器；8—防雷线；9—雷接线盒

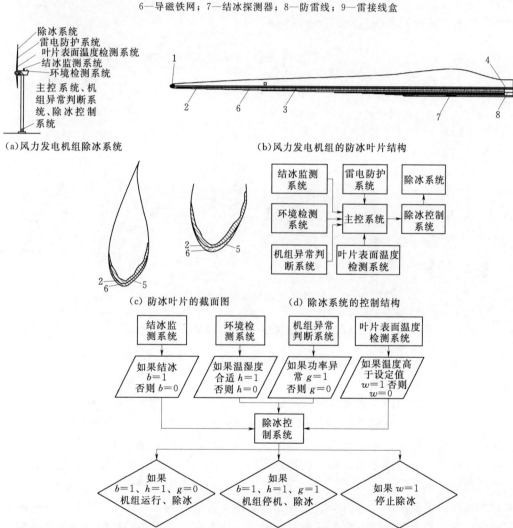

图 6-18　风力发电机组除冰系统

1—叶尖接闪器；2—导热元器件；3—叶身接闪器；4—导热元器件电流通道；

5—玻璃钢层；6—雷电传导层；7—叶片；8—防雷引下线

片包括导热元器件，其特征在于，叶片的叶尖处设置有叶尖接闪器，导热元器件设置在叶片前缘外层，导热元器件的外层覆盖有雷电传导层，雷电传导层与叶尖接闪器连接并与叶片内腔中的防雷引下线连接。通过所述风力发电机组及其除冰系统，不仅可以自动高效地除去叶片表面的冰层，且可以有效防止潜在的雷击风险，安全性和可靠性更高，成本更低。

（5）某公司提出了一种风力发电机组及其叶片除冰装置的专利，如图 6-19 所示。该叶片除冰装置包括：用于输送融冰剂的泵、与泵输出口连接的输液管、与输液管连通的喷嘴；喷嘴位于风力机叶片的根部，用于将融冰剂喷在风力机叶片上。泵工作时将融冰剂泵入输液管中，输液管将融冰剂输送到喷淋装置的输液管接口，再通过环形输液管分流后，流经输液弯管，最后通过喷嘴将融冰剂 12 喷洒到叶片表面。为了达到较好的除冰效果，可以在叶片处于垂直向下状态时，启动泵进行工作。

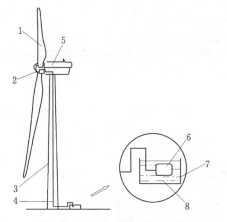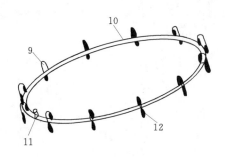

（a）风力发电机组的叶片除冰装置结构示意图　　　　（b）喷淋装置结构示意图

图 6-19　一种风力发电机组及其叶片除冰装置
1—风轮；2—喷淋装置；3—塔筒；4—输液管；5—机舱；6—泵；7—容器；8—融冰剂；
9—输液弯道；10—环形输液管；11—输液管接口；12—喷嘴

（6）某公司提出了一种大型风力机叶片除冰系统及其方法的专利，如图 6-20 所示。该除冰系统包括：测温传感器、控制系统、包括抽风机和加热器的除冰组件，测温传感器置于叶片内部的测温传感器实时监测叶片温度，将温度信号传输至控制系统，叶片温度过低时，控制系统使抽风机和加热器作用，抽风机将冷空气抽出，热空气在叶片内部热循环，从而升高叶片温度，除去叶片表面冰层。本发明可以及时发现叶片温度的变化，提高了叶片结冰状况检测的可靠性；根部加热器和抽风机可以快速升高叶片温度，达到除去叶片冰层的目的。

（7）某公司提出了一种风力机组叶片超声除冰装置的专利，如图 6-21 所示。该装置包括固定在叶片表面的多组并联的压电驱动设备，压电驱动设备将结冰的信号传递给前置信号放大器，前置信号放大器将电压信号放大、过滤之后传递给信号接收器，信号接收器将信号通过转化器转化为超声波发生器能够识别的电流或电压信号，超声波发生器发出高频交流电信号并经过功率放大器的功率补偿后驱动所述压电驱动设备动作。

（8）某公司提出了一种风力机叶片覆冰微波加热去除装置的专利，如图 6-22 所示。

微波加热器设置在风力机叶片内部。微波加热器包括微波管、波导、十字天线、天线室、
开槽金属板、陶瓷板和箱体。箱体的上部设置有所述天线室，天线室内设置有十字天线，

（a）原理图

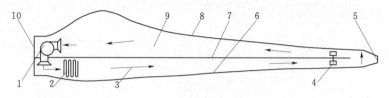

（b）结构示意图

图6-20　一种大型风力机叶片除冰系统及其方法

1—抽风机；2—根部加热器；3—空气流向；4—测温传感器；5—叶片尖部；
6—叶片前缘；7—叶片隔板结构；8—叶片后缘；9—叶片；10—叶片根部

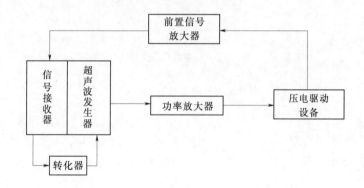

（a）原理图

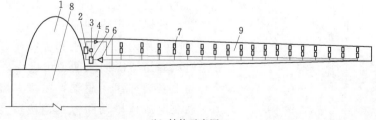

（b）结构示意图

图6-21　风力机叶片超声除冰装置

1—轮毂；2—超声波发生器；3—转化器；4—功率放大器；5—信号接收器；
6—前置信号放大器；7—压电驱动设备；8—机舱；9—叶片

十字天线连接所述波导，波导连接所述微波管，天线室的底部设置有所述开槽金属板，开槽金属板的下方设置有所述陶瓷板。该装置利用微波加热的方法去除叶片表面覆冰，所有设备置于叶片内部，只针对表面一层的覆冰进行加热融化，外层覆冰由于叶片旋转离心力的作用自然甩落。温度控制装置能够监测到叶片表面的温度，防止温度过高不均匀导致表层开裂，一旦检测异常立即停止加热并发出警告信息。

（a）风力机叶片覆冰微波加热去除装置的结构示意图

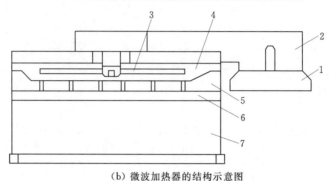

（b）微波加热器的结构示意图

图 6-22 风力机叶片覆冰微波加热去除装置
1—微波管；2—波导；3—十字天线；4—天线室；5—开槽
金属板；6—陶瓷板；7—箱体

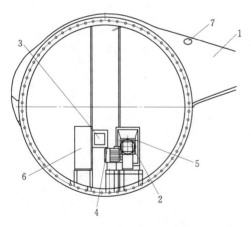

图 6-23 风力机叶片气热除冰抗霜装置
1—风力发电叶片；2—热进风通道；3—冷回风通道；
4—风机；5—加热器；6—控制器；7—传感器

（9）某公司提出了一种风力机叶片气热除冰抗霜装置的专利，如图 6-23 所示。该装置包括热进风通道、冷回风通道、风机、加热器、控制器和传感器，在风力机叶片内沿叶片径向安装热进风通道、冷回风通道，热进风通道、冷回风通道在叶片尾梢相互连通，在热进风通道内间隔安装一组加热器，风力发电叶片内安装风机和控制器，风机连通热进风通道、冷回风通道，风力发电叶片的片面上安装一组传感器，风机、加热器和传感器及电源依电回路方式连接控制器，整体构成风力发电叶片气热除冰抗霜装置。

（10）某公司提出了一种风力机叶片除冰结构的专利，如图 6-24 所示。该装置包括有加热构件、热风输送管道和回风管道。其中，风力机叶片的内部设有至少两块在叶片长度方向上延伸的腹板，加热构件安装在风力机叶片的叶根位置。热风输送管道设在风力机叶片的内部，并置于两腹板的外侧，其中一腹板将风力机叶片的前缘内腔分隔有不连通的两个腔体，热风输送管道的进风端与加热构件的出风口连接，其出风端延伸至风力机叶片的叶尖位置；回风管道设在风力机叶片的内部，并位于两腹板的外侧，且在该侧的空间内，采用第二密封隔板隔断有两个区域：一个区域用于放置上述回风管道，且回风管道的进气端穿过第二密封隔板伸进另一个区域；另一个区域则能够容纳热风输送管道输出的热空气，该回风管道的出气端则与加热构件的进风口连接，进而由热风输送管道、叶片前缘内腔及回风管道构成了叶片内部的热空气循环流道，能够实现对叶片前缘的持续加热除冰。

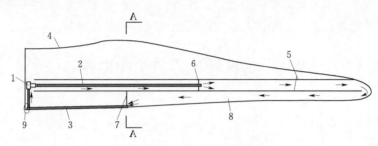

（a）风力机叶片除冰结构的示意图

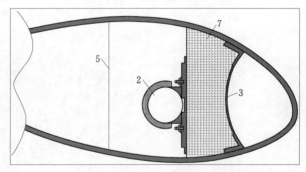

（b）A-A剖视图

图 6-24　风力机叶片气热除冰抗霜装置

1—加热构件；2—热风输送管道；3—回风管道；4—风力机叶片；5—腹板；
6—第一密封隔板；7—第二密封隔板；8—叶片前缘内腔；9—封盖

第7章　垂直轴风力机结冰研究

虽然水平轴风力机是大型风力机的主流，但在中小型风力机市场上，垂直轴风力机仍有一定的份额和发展空间。垂直轴风力机叶片结冰的相关研究，主要是针对直线翼垂直轴风力机的结冰问题。本章在简要介绍直线翼垂直轴风力机的工作原理的基础上，重点介绍静态和动态叶片结冰特性以及结冰对垂直轴风力机气动特性的影响。

7.1　垂直轴风力机工作原理

7.1.1　垂直轴风力机简介

垂直轴风力机（Vertical Axis Wind Turbine）是指风力机风轮转轴与风向成直角（大多数与地面垂直）的风力机，是与水平轴风力机相对的另一大类型的风力机。图 7-1 所示为一些造型新颖的垂直轴风力机。

图 7-1　造型新颖的垂直轴风力机

与水平轴风力机一样，按照叶片的工作原理，可以把垂直轴风力机进一步分成阻力型（Drag Type）和升力型（Lift Type）两种。作用在风力机叶片上的力可分解成与风垂直和与风平行的两个分力，垂直方向的分力称为升力，平行方向的分力称为阻力。主要依靠升力的作用来工作的风力机称为升力型风力机。由于有升力的作用，风轮的圆周速度可以达到风速的几倍至十几倍，风能利用效率高，多被用于风力发电。属于升力型的垂直轴风力机主要是达里厄型风力机（Darrieus Vertical Axis Wind Turbine）和在其基础上发展起来的直线翼垂直轴风力机（Straight - bladed Vertical Axis Wind Turbine），如图 7-2 所示。主要依靠阻力来工作的风力机称为阻力型风力机，由于仅仅利用风的阻力来工作，该类风力机不能产生比风速高许多的转速，风能利用系数大多不高，因此往往不被用于风力发电。但因其风轮转轴的输出扭矩很大，所以常被用作提水、碾米和拉磨等动力使用。阻力型垂直轴风力机种类较多，如萨渥纽斯型（Savonius Rotor）［图 7 - 2（c）］、风杯型（Wind Cup）等。

（a）达里厄风力机　　　　　（b）直线翼垂直轴风力机　　　　（c）萨渥纽斯风力机

图 7 - 2　典型垂直轴风力机

7.1.2　垂直轴风力机与水平轴风力机的性能对比

与水平轴风力机相比，垂直轴风力机有其优势，也有不足。升力型的达里厄风力机和直线翼垂直轴风力机是垂直轴风力机的代表，通过与水平轴螺旋桨式风力机进行比较，垂直轴风力机的主要特点如下：

1. 风能利用系数

从理论上讲，升力型垂直轴风力机与水平轴螺旋桨式风力机具有大致相同的理想效率，即贝茨极限（0.593）。由于水平轴螺旋桨式风力机借助了航空动力技术的科研成果，得到了快速的发展，技术趋于成熟。一般其风能利用系数可达到 0.3～0.4，叶片尖速比可以达到 6～10。然而，垂直轴风力机的研究起步较晚，研究理论和设计方法还处于发展阶段，据现有研究和试验结果看，风能利用系数在 0.2 左右，叶片尖速比可以达到 4 左右。随着研究的深入，垂直轴风力机的效率还会不断提高。

2. 风向无关性与启动性

垂直轴风力机与水平轴风力机的最大不同就在于垂直轴风力机基本不受风向的影响，可以接受任何方向的来风，不需要水平轴风力机所必须具备的迎风转向（偏航）机构。单从这一点来看，垂直轴风力机的结构可比水平轴风力机简单，成本较低。

阻力型垂直轴风力机中，萨渥纽斯型风力机具有自启动性能，是所有风力机中启动性最好的；达里厄风力机却无法自启动，而需要额外的启动电机来带动，或者与其他启动性好的垂直轴风力机（多采用萨渥纽斯风力机）组合使用来解决启动性问题，这也是达里厄风力机最大的弱点。直线翼垂直轴风力机，通过合理选择叶片翼型和安装角，可以获得较好的自启动性。水平轴螺旋桨式风力机的启动性要好于达里厄风力机和直线翼垂直轴风力机，即可以自启动。但需要指出的是，水平轴螺旋桨式风力机的风轮只有在正对来风的情况下才能自启动，在侧风时则需要偏航调整后才能启动，这便会引起"对风损失"，降低风力机的效率。

3．工作原理与研究方法

水平轴螺旋桨式风力机的研究理论和设计方法，借助了流体力学和航空领域的空气动力学理论及其成果，从单纯的叶素理论、动量理论发展到叶素动量复合理论。近来又利用计算流体力学（CFD）来模拟计算其性能。垂直轴风力机的研究理论和设计方法，开始也是采用叶素和动量理论的，但是由于垂直轴风力机风轮周围流动情况比水平轴风力机复杂得多，分析计算结果与实际存在很大差异，制约了垂直轴风力机的发展。后来出现了流管理论，从单流管、多流管，发展到现在的双多流管理论，另外还有数值模拟法和涡流法等。目前，垂直轴风力机的研究理论和设计方法还在不断发展中。

4．风力机结构

由于沿着叶片翼展各处的圆周速度和相对于风速的迎角不同，水平轴螺旋桨式风力机的叶片需要进行扭转和变截面，因此，水平轴风力机的叶片比垂直轴风力机的叶片相对复杂，加工成本相对较高。达里厄风力机的叶片虽然是弯曲的，但叶片表面对翼弦是对称的，加工相对容易。直线翼垂直轴风力机的叶片是直线型的，没有扭曲也没有变截面，形状简单，加工容易，成本低，其不足之处是直线叶片在旋转时会受到由向心加速度产生的较大的弯矩，较达里厄风力机叶片容易受损，因此对叶片材料要求高。另外，水平轴风力机的发电机与变速制动装置需要安装在机舱里并设置在几十米高的塔架上，而达里厄风力机的发电机则可以安装在地面上，这样既可以降低对设备的安装尺寸、重量和运行条件等要求，日常维护和修理也变得非常简便。

5．其他方面

风力机运行对环境产生的影响主要是产生噪声、伤及鸟类和有碍景观三大问题。水平轴螺旋桨式风力机的叶尖在扫过气流时会产生很大的噪声；同时，叶片的高速旋转也有可能伤到来不及躲避的鸟类。相比之下，垂直轴风力机的尖速比较低，其产生的噪声很低，对鸟类也几乎没有影响。达里厄风力机优美的曲线型叶片以及直线翼垂直轴风力机简洁的造型，可以为景观增加变化的元素，获得更好的视觉效果。

垂直轴风力机与水平轴的主要不同归纳在表 7-1 中。

表 7-1　垂直轴风力机与水平轴风力机的主要性能对比

特点	垂直轴风力机	水平轴风力机
风向控制	可接受各风向来风，无需要对风装置	小型风力机要风向舵，大型风力机要有偏航机构
叶片控制	一般不用控制叶片安装角的方法进行调速	通过控制叶片安装角来调速（有些小型风力机除外）
传动装置及工作机	传动装置及工作机可位于地面	传动装置及工作机位于塔架顶上
塔影效应	不受塔影效应影响	下风式风力机受塔影效应影响
风能利用系数	升力型与水平轴持平，阻力型较低	较高
启动性能	升力型风力机一般需要启动器，阻力型风力机不需要，启动性理想	低风速启动性能一般，大型并网风力机根据发电机不同，有的需要启动

7.1.3 直线翼垂直轴风力机

1931 年，法国工程师达里厄（George Jeans Mary Darrieus）在美国专利局获得了后来以其名字命名的达里厄风力机的专利。当时达里厄提出的风力机的叶片包括了曲线翼型和直线翼型两种型式。达里厄风力机主要是指具有曲线翼型叶片的风力机；直线翼型达里厄风力机通常另分一类，简称直线翼垂直风力机，如图 7-3 所示。根据直线翼垂直轴风力机的形状结构特点，有人将其称之为 H 型风力机，在我国也多采用这种名称。

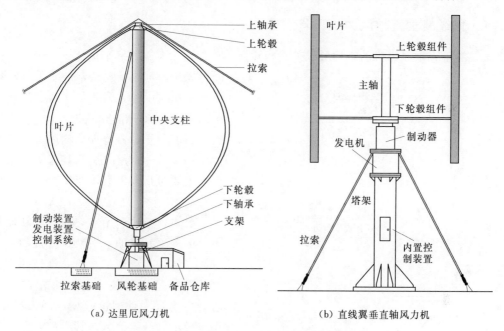

（a）达里厄风力机　　　　　（b）直线翼垂直轴风力机

图 7-3　达里厄风力机和直线翼垂直轴风力机

因为叶片太少会影响风力机的功率输出，叶片太多会使各叶片之间产生干扰，而影响叶片的气动特性，一般来说，直线翼垂直轴风力机的叶片个数为 2～6 枚。早期的叶片翼型大多采用 NACA 系列的升阻比较高的对称翼型，之后出现了一些采用非对称翼型叶片的风力机。

与达里厄风力机相比，直线型叶片结构简单，加工容易，整机体积小，加工成本低，而且整个叶片都可产生转矩，风能利用率较高；但其最大的缺点是叶片的弯曲应力较大，尤其在高速旋转时离心力会造成叶片的弯曲，甚至折断，因此要求叶片具有良好的刚度和抗变形能力。以往的直线翼垂直轴风力机多被用在中小型风力机上，或者安装在低风速地区等。近年来，随着研究的不断深入和风力机材料的快速发展，直线翼垂直轴风力机的应用范围越来越广泛，从原来的街区和公园发展到山区、寒冷地区，甚至可安装在船舶上作为离网型电源，其容量也从最初的几百瓦发展到几百千瓦，近几年，又有了一些研发出兆瓦级的直线翼垂直轴风力机的报道。图 7-3（b）为典型的小容量离网型直线翼垂直轴风力机的基本结构和组成示意图。

直线翼垂直轴风力机分为变桨距和定桨距两种。最初的直线翼垂直轴风力机多为变桨距，叶片桨距可随着转动角度变化而变化，这样可以改善风力机的启动性和气动特性，但使整机结构变得过于复杂。近年来，直线翼垂直轴风力机的发展主要集中在定桨距类型上。日本东海大学的関和市教授从 1976 年开始从事该种机型的研究，经过 30 多年的科研，使定桨距直线翼垂直轴风力机在理论和实践上都有了很大发展，并开发了专门用于直线翼垂直轴风力机的 TWT 翼型。近年来，日本各地安装了许多该种类型的风力机，是目前世界上应用直线翼垂直轴风力机最多的国家之一。我国也开始研究该种风力机，一些风电设备公司也推出了一些产品，但总体来说目前还处在发展阶段。

7.1.4 直线翼垂直轴风力机工作原理

直线翼垂直轴风力机的结构形状虽然相对简单，但由于其旋转起来形成了一个三维空间，风轮内部流场复杂，导致其气动特性分析相对困难。因此，在其发展过程中出现了许多方法和理论，图 7-4 给出了目前用于升力型垂直轴风力机气动计算和设计的常用方法及其相关理论模型，主要包括两大类，即模型法和数值计算法。

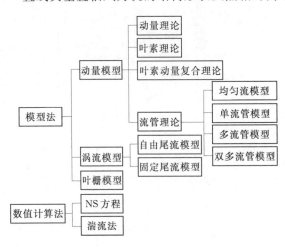

图 7-4 直线翼垂直轴风力机气动特性研究方法

（1）模型法利用空气动力学和流体力学的理论，借助水平轴风力机的分析方法，通过提出假定，建立模型的方法来计算，是研究较多、应用较广的方法，主要有三种理论模型：动量模型、涡流模型和叶栅模型，其中前两种较为常用。

（2）数值计算法虽然是近年来才开始出现的，但发展很快，已成为当前直线翼垂直轴风力机的主要研究和设计方法。

7.1.4.1 模型法

1. 动量模型

与水平轴风力机一样，分析升力型垂直轴风力机叶片气动特性的理论主要有动量理论、叶素理论和叶素动量复合理论、流管理论。然而水平轴风力机叶片的旋转面与风垂直，即来流只穿过风轮一次。而对于垂直轴风力机来说，风轮旋转面与来流平行，也就是说风要流入风轮旋转体内部，因此，除了要考虑叶片处的气动特性外，还要考虑风速在风轮内部的变化情况，这就是升力型垂直轴风力机气动特性较为复杂的主要原因。

研究风穿过垂直轴风力机时的流场的主要理论就是流管理论，包括多种模型，最简单的是均匀流模型，如图 7-5（a）所示。该模型认为来流穿过风力机时的风速是保持不变的。显然，利用这种理论计算出来的风力机性能精度不高，因为风作用在风力机上使得风力机从风中获得了能量，作为反作用力，风力机对来流起到一种阻挡作用，所以在风力机风轮内部，风速是降低的。将风力机考虑进来，推导出风流经风力机时的流动情况的理论是单流管模型（Single Streamtube Model），如图 7-5（b）所示。该模型假定风力机整体被包含在一个单一流管之中，通过计算风力机在流管内的能量收支来获得风力机的气动特性。该理论由 Templin 于 1974 年首先提出并应用到达里厄风力机的气动特性计算上，同时也是首次将风力机致动盘理论（Actuator Disc Theory）应用到达里厄风力机上。但与水平轴风力机的 Gluert 制动盘（Gluert Actuator Disk）理论不同的是，流管理论中的制动盘是指风轮转动所形成的假想旋转体的表面，并假定在其内部流速是一定的。该理论考虑到了翼型失速、叶片几何形状、风轮实度以及高径比等的影响。

（a）均匀流模型　　　　　　　　　　　　　（b）单流管模型

图 7-5　均匀流模型和单流管模型

以单流管模型为例介绍一种升力型垂直轴风机气动特性的计算方法，如图 7-5（b）所示。速度为 v 的来流到达风力机处后速度降为 v_a，穿过风力机，即在风力机尾流处速度又将为 v_w。设风速减速率为 a，根据动量理论、伯努利方程和连续方程可以得到

$$v_a = v(1-a) \tag{7-1}$$

$$v_w = v(1-2a) \tag{7-2}$$

设作用于风力机上的阻力为 F，其定义式为

$$F = \frac{1}{2}\rho A v^2 C_F \tag{7-3}$$

式中　ρ——空气密度；

　　　A——风力机风轮受风面积；

　　　C_F——风力机阻力系数。

实际上，风力机叶片在旋转工作时，阻力系数是在不断变化的。因此，这里的阻力系数指的是平均阻力系数。根据空气动力学理论，可以得到

$$F = 2\rho A v^2 a(1-a) \tag{7-4}$$

利用上面各式可以将减速率用含有阻力系数的式子来表示，即

$$a = \frac{1}{2}(1 - \sqrt{1-C_F}) \tag{7-5}$$

为得到 C_F，考虑图 7-6 所示的叶片处的速度分布，求出来流相对于叶片的相对流入速度 v_r。

图 7-6 中，风力机半径（固定叶片的支架半径）

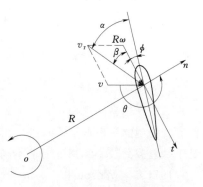

图 7-6　叶片处气流速度图

为 R，风力机旋转角速度为 ω，叶片攻角（相对风速与叶片弦长间夹角）为 α，叶片流入角（相对风速与切线速度间夹角）为 β，叶片安装角（叶片弦长与切线方向夹角）为 φ，来流与支架的角度为 θ。另外，定义三个无量纲参数，相对风速与来流风速之比 κ 为

$$\kappa = \frac{v_r}{v} \tag{7-6}$$

叶片尖速比 λ 为

$$\lambda = \frac{R\omega}{v} \tag{7-7}$$

叶片尖速比与修正减速率之比 μ 为

$$\mu = \frac{\lambda}{1-a} \tag{7-8}$$

利用以上各式可得到

$$v_r^2 = v^2(1 - 2\mu\sin\theta + \mu^2) \tag{7-9}$$

$$\kappa = (1-a)\sqrt{1 - 2\mu\sin\theta + \mu^2} \tag{7-10}$$

根据叶片空气动力学原理，相对风速作用在叶片上产生的气动力（升力和阻力）可以分解为沿着固定叶片的支架轴线方向（叶片旋转圆周法线方向）成分 C_{Fn}，以及与之垂直的沿着旋转面方向（叶片旋转圆周切线方向）的成分 C_{Ft}。对叶片旋转一周进行积分可以求出阻力系数及其切线和法线成分的表达式，即

$$C_F = -\frac{nc}{4\pi}\int_0^{2\pi}\kappa^2(C_{Fn}\cos\theta + C_{Ft}\sin\theta)\mathrm{d}\theta \tag{7-11}$$

$$C_{Fn} = C_L\cos\beta + C_D\sin\beta \tag{7-12}$$

$$C_{Ft} = -C_L\sin\beta + C_D\cos\beta \tag{7-13}$$

式中　　n——叶片个数；

c——叶片弦长；

C_L——升力系数；

C_D——阻力系数。

由此，可以求出来流风速的减速率 a。利用减速率、相对流入风速和叶片气动系数（升力系数 C_L、阻力系数 C_D 和扭矩系数 C_M）可以求出作用在叶片的力矩系数 C_T，即

$$C_T = \frac{nc}{4\pi}\int_0^{2\pi}\kappa^2(C_L\sin\theta + C_D\cos\theta - C_M c)\mathrm{d}\theta \tag{7-14}$$

力矩系数 C_T 是用作用于叶片上的力矩 T 来定义的，即

$$T = \frac{1}{2}\rho A R v^2 C_T \tag{7-15}$$

单流管模型的出现对升力型垂直轴风力机的性能分析具有非常重大的意义，为后续各种流管模型的提出奠定了基础。由于单流管模型简化较多，计算结果多优于试验结果。但对于一般载荷较小和精度要求不高的情况，单流管模型可基本满足计算要求。

1974 年，Wilson 和 Lissaman 对单流管模型进行了改进，提出了多流管模型（Multiple Streamtube Model），如图 7-7（a）所示。在该模型中，风轮旋转形成的回转体被分割成一系列相互连接的、气动特性相互独立的连续平行流管。再在每一个流管中应用叶素

动量理论来分析叶片的气动特性。当时，该模型在计算感应速度时假定了风是无黏性和不可压缩的，因此速度计算只涉及了升力。1975 年，Strickland 提出了另一种多流管模型，分析了感应速度与叶素力（包括升力和阻力的影响）和沿各流管的动量变化之间的关系，同时也考虑了风剪切效应的影响。该模型对轻载荷的计算较为准确，对单流管模型是一次很大的提高。之后，Muraca，Sharpe 和 Read 等人又对多流管理论进行了改进和发展，直至 1981 年，Paraschivoiu 提出了一种新型的流管理论——双多流管模型（Double - Multiple Streamtube Model），如图 7 - 7 (b) 所示。该模型在多流管理论的基础上，又将风轮旋转形成的回转体沿着来流方向分为两个半圆，各半圆中的流管分别称为上流管和下流管。在每一层中，上下流管中的感应速度按照双制动盘动量理论（Double Actuator Disk Momentum Theory，由 Lapin 于 1975 年提出）计算。相比前两种模型，双多流管模型的计算结果更接近于试验，同时对于动态失速的模拟也有很大的改善。但该模型对于具有较大实度的风力机以及在高尖速比情况下的精度有待于提高。多流管模型和双多流管理论的分析和计算较单流管复杂很多，可参阅 Paraschivoiu 的相关著作。

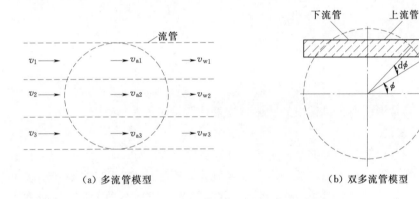

（a）多流管模型　　　　　　　　　　（b）双多流管模型

图 7 - 7　多流管模型和双多流管模型

2. 涡流模型

除了动量模型外，涡流模型也是计算垂直轴风力机气动特性的主要理论。该模型的主要原理是利用叶片尾流的涡度来计算速度场的变化，再用速度场计算压力场的变化。涡流模型主要包括两种类型，即固定尾流模型和自由尾流模型。

（1）固定尾流模型由 Wilson 和 Walker 等人开发，是将涡流模型与采用单流管模型的动量模型组合的方法。

（2）自由尾流模型由 Strickland 等人提出，可进行三维计算，考虑了动态失速，是目前较精确的计算方法。

如图 7 - 8 (a) 所示，根据涡流理论可将单枚风力机叶片看作是沿着翼展方向的一系列要素的集合，叶素可以用束缚涡丝或者升力线来代替。根据亥姆霍兹涡量方程，束缚涡旋的强度等于翼端的涡旋强度；又根据开尔文定理，沿翼展方向放出的涡旋等于束缚涡旋的强度变化。这些涡旋在流场中自由移动扩散，被称为自由涡旋。由这些强度可知的涡旋场可以确定出感应速度场，如图 7 - 8 (b) 所示。

根据皮握-萨瓦公式，对于长度为 l，强度为 Γ 的涡丝，流场中某一点 P 处的感应速

度 v_p 的计算为

$$\vec{v}_p = \vec{e}\frac{\Gamma}{4\pi h}(\cos\theta_1 - \cos\theta_2) \tag{7-16}$$

式中 $\vec{e}$——$(\vec{r}\times\vec{l})$ 方向的单位向量。

利用库塔-儒可夫斯基定理可得到束缚涡旋强度与作用于叶素翼展方向单位长度上的升力的关系为

$$\Gamma = \frac{1}{2}v_r c C_L \tag{7-17}$$

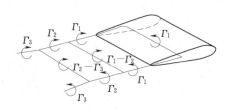
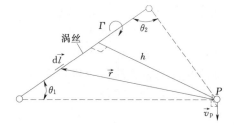

（a）单叶素涡丝系统　　　　　　　（b）涡丝上一点的诱导速度

图 7-8　涡流模型

3. 叶栅模型

叶栅模型主要是借助涡轮机械中的叶栅理论来计算，使用者相对较少。

7.1.4.2　数值计算法

近年来，得益于计算机技术的飞速进步，计算流体力学（CFD）发展快速，计算速度和精度大大提高，计算成本大幅降低。因此，数值计算法已经成为风力机性能计算和设计的主要手段之一。数值计算法主要分两大类：一类是通过求解内维-斯托克斯方程，即 N-S 方程来计算的方法；另一类是利用湍流理论来计算的方法。当然两者不是绝对独立，也有交叉和融合。而且目前这两种方法都在不断发展之中。数值计算方法的一般步骤是：首先在叶片周围进行网格构建，网格形状有多种，图 7-9 所示为二例利用数值计算

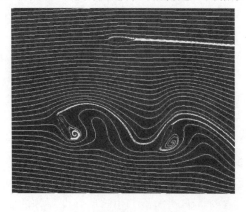

（a）二维计算结果举例　　　　　　　（b）三维计算结果举例

图 7-9　直线翼垂直轴风力机流场数值计算结果举例

得到的三叶片直线翼垂直轴风力机流场图；然后通过流场分布可以继续计算出涡流场和压力场分布，以及叶片的升阻力系数和力矩系数等，从而获得风力机的性能。但这种方法要求相对较高的数学和流体力学知识，对计算机硬件的要求也很高。

7.2 垂直轴风力机叶片静态结冰特性

7.2.1 研究方法

本节以直线翼垂直轴风力机叶片结冰为例来介绍垂直轴风力机叶片结冰的研究方法。总体来说，当前，垂直轴风力机叶片结冰的研究方法主要以理论分析计算为主，冰风洞试验研究为辅。原因在于冰风洞试验要求较高、成本大，计算研究相对较容易实现。另外，由于垂直轴风力机主要用在小型风力机市场，因此，从受关注程度方面也决定了当前的研究相对水平轴风力机来说还较少，研究手段与方法也并不成熟。

1. 数值计算研究

数值计算是当前垂直轴风力机叶片结冰研究的主要方法。其研究方式如下：

（1）利用多相流模型，结合传热传质计算等方法，直接计算出垂直轴风力机叶片的结冰特性，然后再计算结冰后风力机气动的变化。这种方法难度相对较大，在水平轴风力机结冰计算中较为常见。

（2）与风洞试验相互结合，将试验得到的叶片结冰形状输入到计算程序中，再应用常规的数值模拟计算方法计算叶片及风力机的气动特性。本节主要采用这种方法。

2. 风洞试验研究

风洞试验方法是研究小型风力机结冰的主要方法，由于小型风力机尺寸较小，在进行缩比试验后，结果更容易推广到实际尺寸风力机。本节主要介绍利用某大学风能团队自行研发的采用自然低温的冰风洞试验系统所做的关于直线翼垂直轴风力机叶片结冰特性研究的结果。

试验所用的叶片如图 7-10 所示，所采取的叶片为 NACA0018 翼型叶片和 NACA7715 翼型的叶片。试验叶片长度 H 均为 100mm，试验叶片弦长 c 为 220mm。叶片的材料为实心木质，为保证叶片表面光滑，故对叶片表面进行均匀涂漆。

静态叶片结冰的测试系统如图 7-11 所示。风速范围为 1~15m/s。试验在冬季进行，为模拟室外结冰环境，在吹出口处安装了水雾喷射系统提供结冰条件，将冷空气引入低速风洞，水通过水泵、流量计、过滤器后到达风洞口后与冷空气混合均匀吹出，将叶片放置风洞出口进行模拟结冰试验通过相机对叶片的结冰现象进行观测。试验内容包括两种：①对两种翼型攻角为 0°的情况下分别进行 20min 的测试，测试过程中每分钟对叶片结冰的情况进行记录，测试温度为零下 10℃，风速为 6m/s，水滴流量为 0.3L/min，水滴粒子直径为 40μm；②对不同攻角下的叶片结冰进行实验研究。

7.2.2 静态叶片零度攻角长时间结冰特性研究

图 7-12 给出了 NACA0018 翼型叶片 20min 内每分钟的结冰分布图。从图 7-12 中

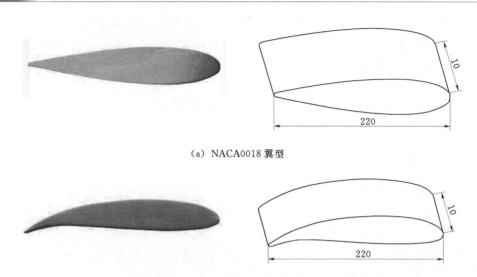

（a）NACA0018 翼型

（b）NACA7715 翼型

图 7-10 NACA0018 翼型和 NACA7715 翼型测试系统（单位：mm）

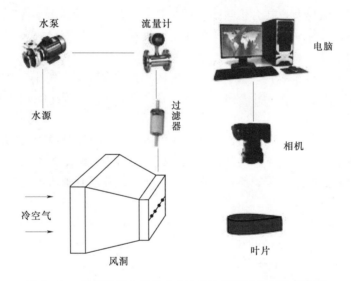

图 7-11 垂直轴风力机静态叶片结冰风洞试验系统示意图

可以清晰地看出 NACA0018 翼型叶片结冰后每分钟的叶片轮廓以及冰的生长状况。NACA0018 翼型叶片表面结冰从前缘开始出现，结冰逐步向叶片两侧爬行生长。到 20min 时，结冰主要出现在叶片前端 1/3 处。

图 7-13 给出了 NACA7715 翼型叶片 20min 内每分钟的结冰分布图。从图 7-13 中可以清晰地看出 NACA7715 翼型叶片结冰后每分钟的叶片轮廓以及冰的生长状况。NA-CA7715 翼型叶片表面结冰是从前缘和后缘开始出现的。后缘结冰逐步向前缘爬行，前缘结冰主要向叶片两侧爬行。到 20min 时，叶片后端结冰爬行距离约为叶片弦长的 1/3 处，叶片前端上部结冰要多于底部。

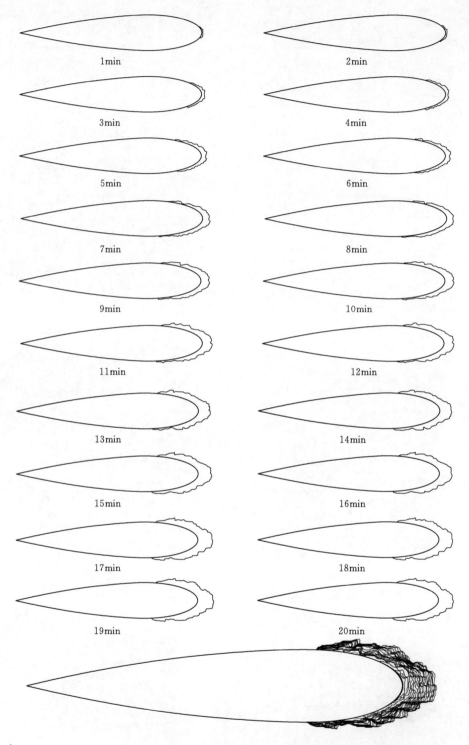

图 7 - 12　NACA0018 翼型叶片表面结冰分布

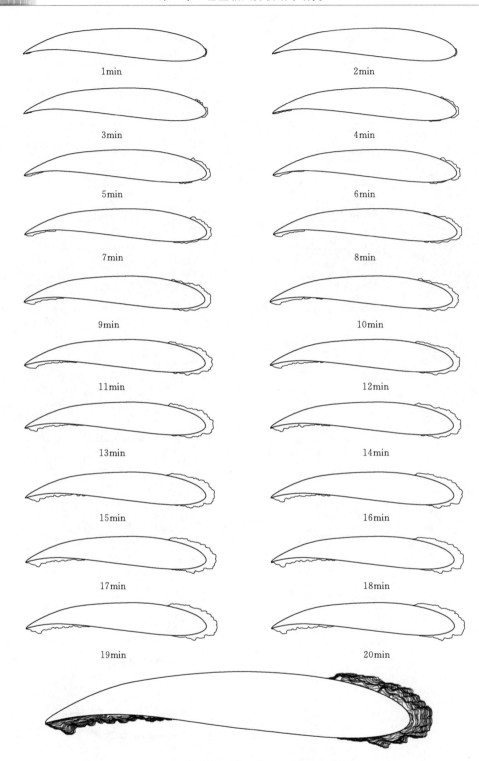

图 7 - 13　NACA7715 翼型叶片表面结冰分布

7.2.3　静态叶片不同攻角结冰特性试验研究

1. 试验条件

试验选取两种翼型，即 NACA0018 和 NACA7715，竖直放置在风洞吹出口处，在叶片上方安装高速摄像机，用来拍摄和记录叶片在不同攻角下的结冰情况。试验时间为 180s。试验温度在 $-10℃$ 左右，试验风速为 3m/s 和 6m/s，喷水流量为 0.3L/min。为探究攻角对叶片结冰的影响，试验共测试了 19 种攻角，在 $-90°\sim90°$ 之间，间隔 $10°$。试验条件见表 7-2。

表 7-2　试 验 条 件

翼型	环境温度	风速	水滴流量	液滴粒径	叶片攻角	试验时间
NACA0018	$-10℃$	3m/s	0.3L/min	$40\mu m$	$-90°\sim90°$	180s
NACA7715		6m/s				

图 7-14（a）、（b）所示为翼型逆时针、顺时针旋转所构成的角度定义。图 7-14（a）中叶片逆时针旋转，将其定义为正角度；图 7-14（b）为叶片顺时针旋转，将其定义为负角度。

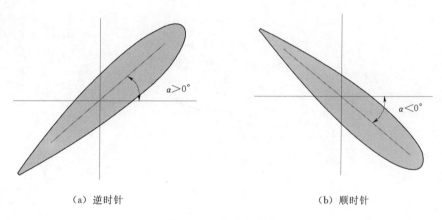

（a）逆时针　　　　　　　　　　　　　（b）顺时针

图 7-14　攻角的定义

2. 叶片表面结冰分布

图 7-15～图 7-18 所示为不同攻角下叶片结冰分布情况。风速不变的情况下，叶片表面结冰位置和程度受到攻角不同的影响较大。当叶片攻角处于负角度时，叶片表面结冰的位置主要出现在叶片背部。当叶片攻角为 $0°$ 时，叶片表面结冰的位置主要在叶片的前缘。当叶片攻角处于正角度时，叶片表面结冰的位置主要在叶片的腹部。在流量较大的情况下，在此流量攻角相同的情况下风速为 3m/s 的结冰情况总体要严重于风速为 6m/s 的结冰情况。

NACA0018 翼型在攻角为 $0°$ 时，叶片表面结冰主要存在于叶片前缘部分，叶片的两侧只有少量结冰。在不同的攻角下，叶片的迎风面不同，导致不同的结冰情况。当攻角从 $10°$ 向 $90°$ 变化时，叶片腹部的结冰逐渐增多，主要从叶片腹部的前缘向叶片腹部的后缘变

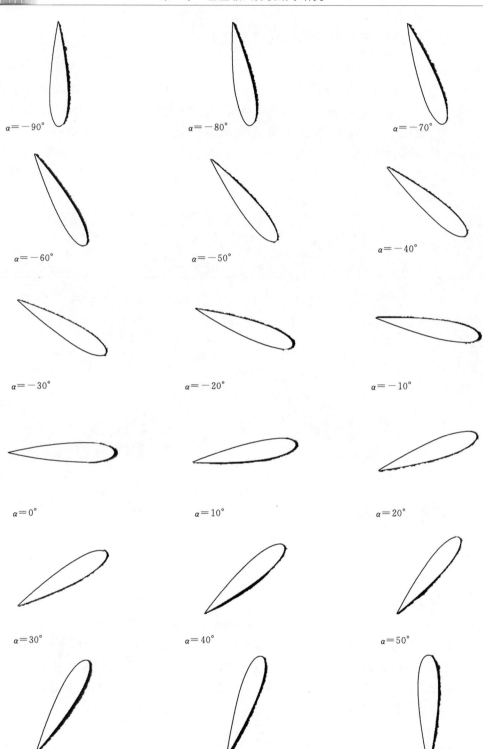

图 7 - 15　NACA0018 翼型叶片表面结冰分布（风速为 3m/s）

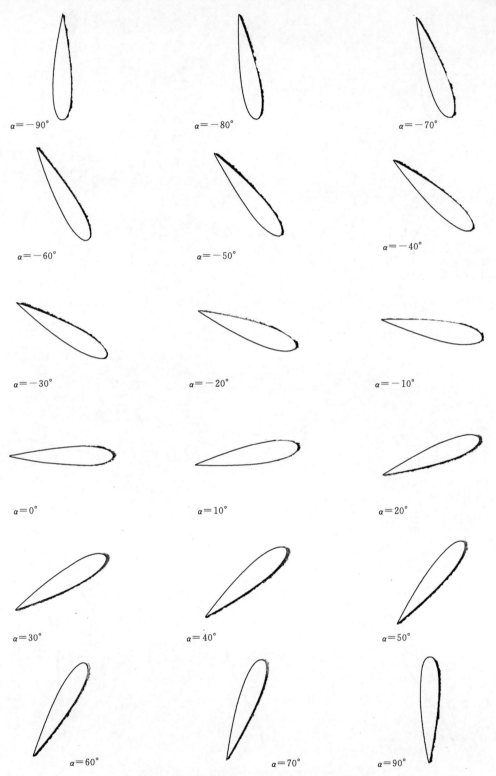

图 7 - 16 NACA0018 翼型叶片表面结冰分布（风速为 6m/s）

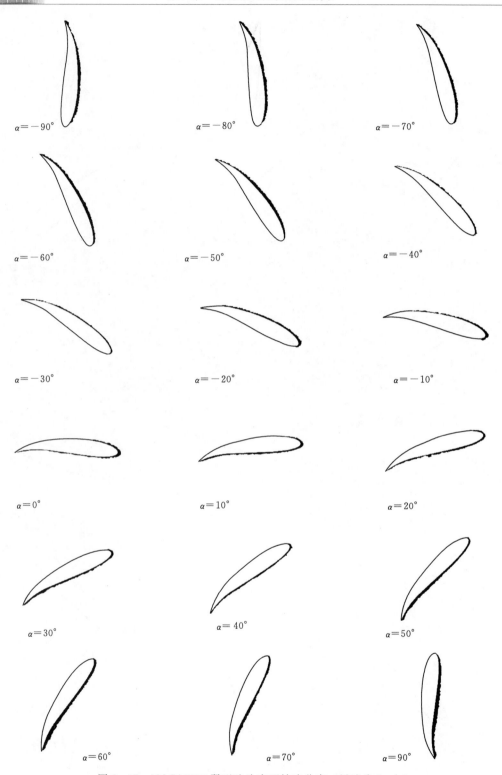

图 7 - 17　NACA7715 翼型叶片表面结冰分布（风速为 3m/s）

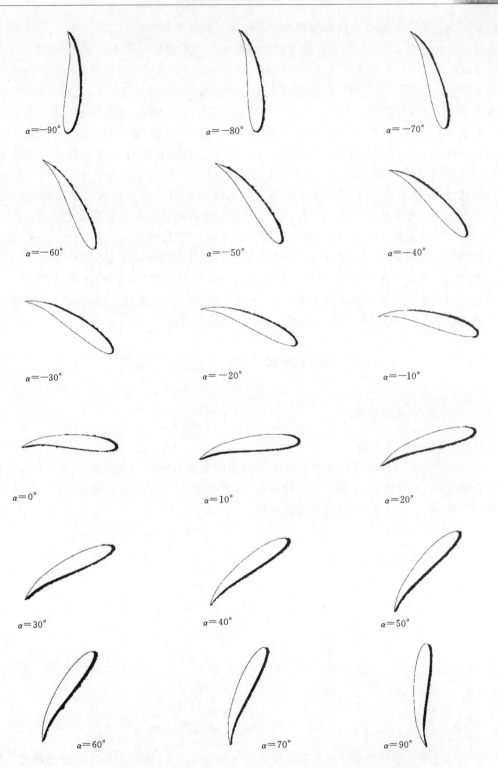

图 7 - 18　NACA7715 翼型叶片表面结冰分布（风速为 6m/s）

化，在正角度情况下整个叶片腹部均产生了结冰，而且腹部叶片结冰较均匀，叶片背部的结冰较少，在攻角 90°时，叶片背部没有出现结冰。当攻角从−10°向−90°变化时，叶片背部的结冰逐渐增多，主要从叶片背部的前缘向叶片背部的后缘变化且结冰较均匀，叶片腹部的结冰较少，在攻角为 90°时，叶片腹部没有出现结冰。不同的风速下 NACA0018 翼型在相同攻角下的结冰情况类似，在同一角度下叶片结冰位置区域相同，但是结冰程度不同。

由于翼型不同，NACA7715 翼型与 NACA0018 翼型结冰有一定的差异，但总体的结冰趋势一致。NACA7715 翼型在攻角为 0°时，叶片表面结冰同样主要存在于叶片前缘部分，叶片背部只有少量结冰，叶片腹部有明显的结冰发生。当攻角从 10°向 90°变化时，在攻角超过 20°时，由于叶片后缘向腹部方向弯曲的原因，叶片腹部的结冰情况明显增多，在正角度情况下整个叶片腹部均产生了结冰，叶片后缘的腹部容易发生结冰，叶片背部结冰较少；在攻角 90°时，叶片背部没有出现结冰。当攻角从−10°向−90°变化时，叶片背部的结冰逐渐增多，主要从叶片背部的前缘向叶片背部的后缘变化且结冰较均匀，叶片腹部的结冰较少，在攻角为 90°时，叶片腹部没有出现结冰。不同的风速下 NACA7715 翼型在相同攻角下的结冰情况同 NACA0018 翼型类似，在此流量攻角相同的情况下风速为 3m/s 的结冰情况总体要严重于风速为 6m/s 的结冰情况。

7.3　垂直轴风力机动态结冰特性

7.3.1　冰风洞试验研究

7.3.1.1　试验系统与方法

图 7－19 所示为研究叶片动态结冰所用的直线翼垂直轴风力机模型风轮结构示意图。旋转模型直径 $D＝440mm$，轴径 $d＝14mm$，叶片长度 $H＝250mm$，弦长 $c＝125mm$。风轮旋转方向为逆时针，叶片的材料为玻璃钢。

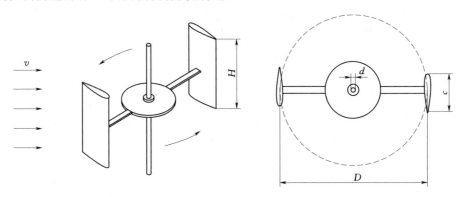

图 7－19　风轮结构示意图

图 7－20 所示为动态叶片冰风洞试验系统示意图，风洞及喷雾系统与静态研究一致，只是在风轮部分制作了可动态旋转的试验台。图 7－21 为动态试验台示意图。模型由叶片、支撑梁、调频电机、调频器、支撑轴承、转轴、法兰、转向减速机组成。利用调频电

机带动风力机转动，使风力机叶片在不同的尖速比下旋转。叶片个数有两种：两叶片和三叶片，以此研究叶片个数对结冰的影响。

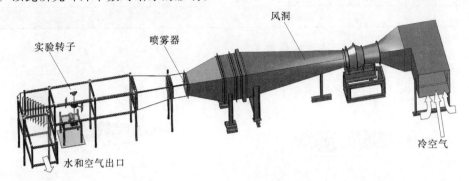

图 7 - 20　测试系统

图 7 - 22 所示为高速摄影系统及其图像处理软件示意图。通过高速摄影在这些时刻捕捉的叶片表面结冰状态进行提取结冰形状，从而研究在工作中的小型直线翼垂直轴风力机叶片结冰过程变化。高速摄影系统由高速摄像机、数据传输线、电源、光源、支架和计算机等组成。其中高速摄像机为约克科技公司生产的 Phantom v5.1 高速摄像机，最大分辨率 1024×1024 像素，满幅拍摄速率 1200 帧/s，以 cine 格式存在摄像机内，采用千兆以太网进行摄像机的控制及文件的传输，提取图片以 *.bmp 格式保存，根据需要提取照片对图像进行处理。

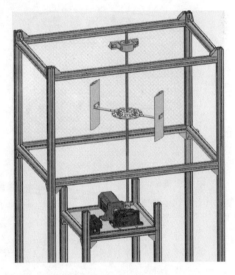

图 7 - 21　动态试验台示意图

表 7 - 3 所示为旋转模型结冰试验的条件。

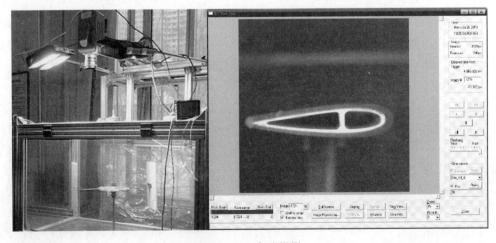

图 7 - 22　高速摄影

表 7 - 3　旋转模型结冰试验条件

T	LWC	U	λ
$-12\sim-7℃$	1.16g/m^3、2.32g/m^3	4m/s	0.2、0.4、0.6、0.8、1.0

7.3.1.2　动态叶片结冰试验结果与分析

1. 叶片表面结冰分布

图 7 - 23～图 7 - 30 是不同条件下动态叶片结冰分布情况。

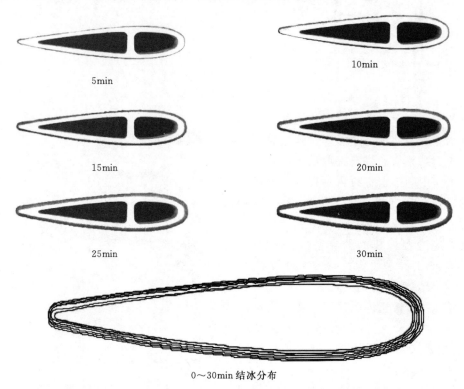

5min

10min

15min

20min

25min

30min

0～30min 结冰分布

图 7 - 23　两叶片模型结冰分布（平均 $LWC=1.16\text{g/m}^3$，$\lambda=0.2$）

　　由试验结果可知，直线翼垂直轴风力机叶片结冰是遍布叶片整个表面的，随着时间的增加，叶片结冰逐渐增厚，且结冰在叶片表面分布较为均匀。随着尖速比的增大，结冰形状出现了一定的不对称性，在叶片尾缘外侧以及前缘内侧结冰情况更加明显。

2. 结冰面积比

　　如图 7 - 31 和图 7 - 32 所示，两叶片模型的结冰面积比随时间的增加结冰面积是逐渐增加的。在同一时刻，高 LWC 环境下的结冰面积比要高于低 LWC 环境下的结冰面积比。在 30min 内，平均 $LWC=1.16\text{g/m}^3$ 时结冰面积比为 $40\%\sim52\%$，平均 $LWC=2.32\text{g/m}^3$ 时结冰面积比为 $70\%\sim80\%$。

　　如图 7 - 33 和图 7 - 34 所示，三叶片模型的结冰面积比与两叶片模型的结冰面积比变化一致。在同一时刻，高 LWC 环境下的结冰面积比要高于低 LWC 环境下的结冰面积比。与两叶片模型相比较，三叶片模型结冰面积比规律性更强，相同环境下尖速比越高，其结

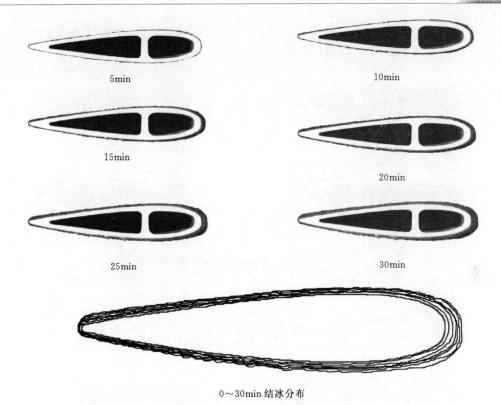

5min

10min

15min

20min

25min

30min

0～30min 结冰分布

图 7 - 24　两叶片模型结冰分布（平均 $LWC=1.16\text{g/m}^3$，$\lambda=1.0$）

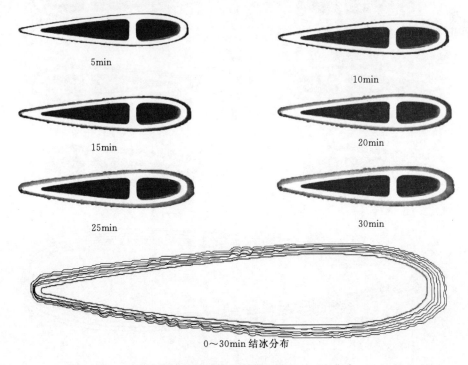

5min

10min

15min

20min

25min

30min

0～30min 结冰分布

图 7 - 25　三叶片模型结冰分布（平均 $LWC=1.16\text{g/m}^3$，$\lambda=0.2$）

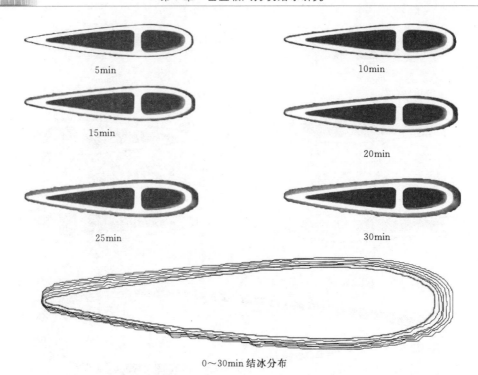

0~30min 结冰分布

图 7 - 26　三叶片模型结冰分布（平均 $LWC=1.16\text{g}/\text{m}^3$，$\lambda=1.0$）

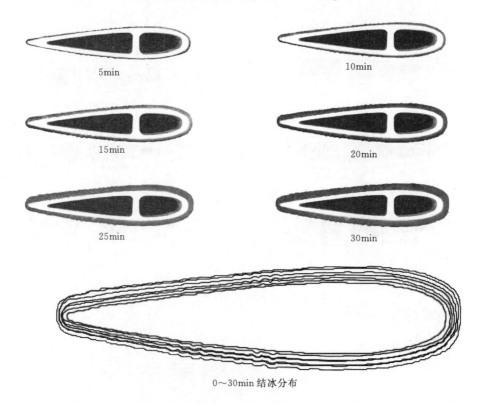

0~30min 结冰分布

图 7 - 27　两叶片模型结冰分布（平均 $LWC=2.32\text{g}/\text{m}^3$，$\lambda=0.2$）

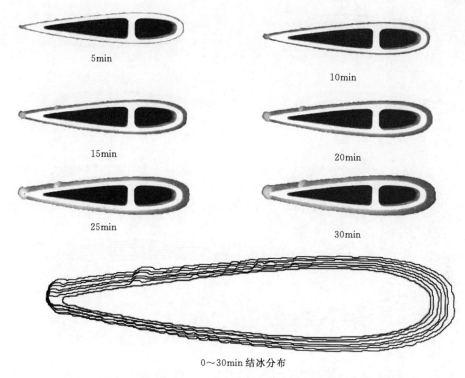

图 7-28 两叶片模型结冰分布（平均 $LWC = 2.32g/m^3$，$\lambda = 1.0$）

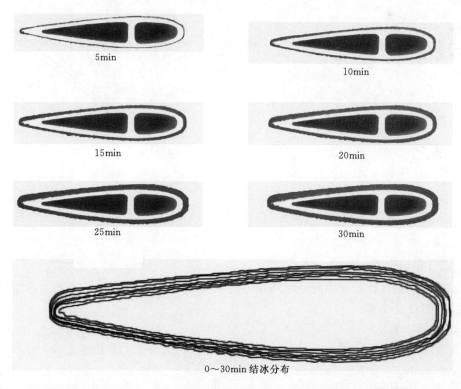

图 7-29 三叶片模型结冰分布（平均 $LWC = 2.32g/m^3$，$\lambda = 0.2$）

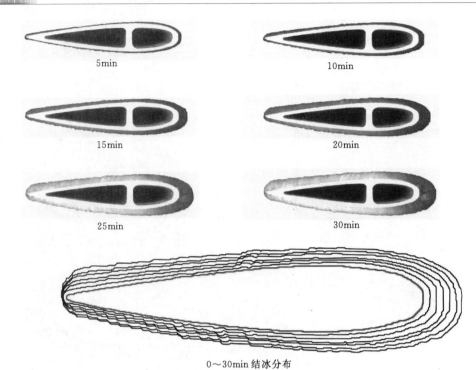

0~30min 结冰分布

图 7 - 30　三叶片模型结冰分布（平均 $LWC=2.32\mathrm{g/m^3}$，$\lambda=1.0$）

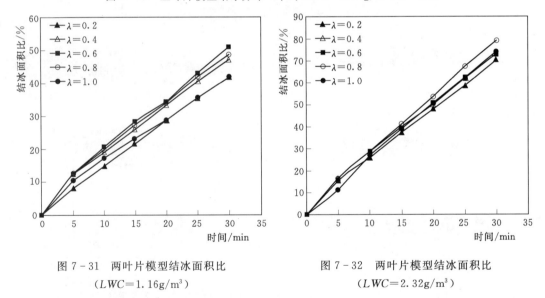

图 7 - 31　两叶片模型结冰面积比
　　　　　（$LWC=1.16\mathrm{g/m^3}$）

图 7 - 32　两叶片模型结冰面积比
　　　　　（$LWC=2.32\mathrm{g/m^3}$）

冰面积比越大。结冰面积比在同一时刻在相同环境不同尖速比下三叶片模型结冰面积比波动范围大于两叶片模型。

3. 净结冰面积比

两叶片模型的净结冰面积比由高降低并趋于稳定，如图 7 - 35 和图 7 - 36 所示。在同一时刻，高 LWC 环境下的净结冰面积比要高于低 LWC 环境下的净结冰面积比。而三叶片模型的净结冰面积比与两叶片模型（图 7 - 37 和图 7 - 38）变化一致，但三叶片模型净结

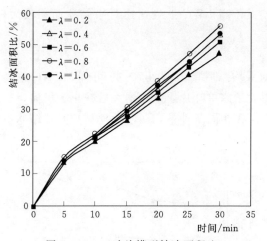

图 7-33 三叶片模型结冰面积比
($LWC=1.16\mathrm{g/m^3}$)

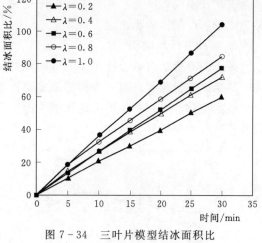

图 7-34 三叶片模型结冰面积比
($LWC=2.32\mathrm{g/m^3}$)

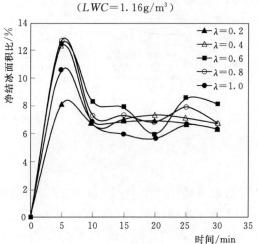

图 7-35 两叶片模型净结冰面积比
($LWC=1.16\mathrm{g/m^3}$)

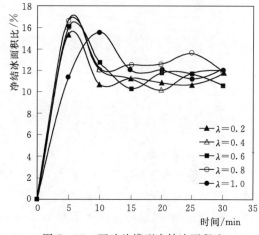

图 7-36 两叶片模型净结冰面积比
($LWC=2.32\mathrm{g/m^3}$)

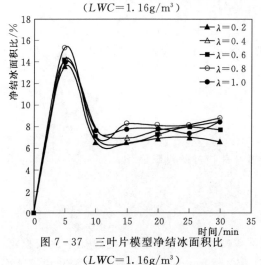

图 7-37 三叶片模型净结冰面积比
($LWC=1.16\mathrm{g/m^3}$)

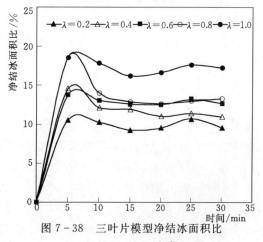

图 7-38 三叶片模型净结冰面积比
($LWC=2.32\mathrm{g/m^3}$)

冰面积比在不同 LWC 下净结冰面积比变化较大，高 LWC 下尖速比对净结冰面积较大，尖速比越高净结冰面积比越大。

4. 单叶片结冰质量

图 7-39 所示为单叶片在 30min 时结冰的平均总质量。由图 7-39 可知，LWC 越高单叶片结冰质量越大。两叶片模型随尖速比增大结冰单叶片质量先增大后减小。然而，三叶片模型单叶片结冰质量随尖速比增大而增大。在相同条件下，两叶片模型单叶片结冰质量高于三叶片单叶片结冰质量。

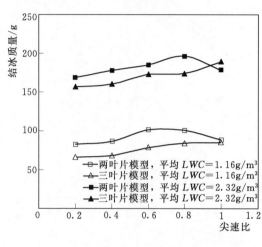

图 7-39　单叶片结冰质量　　　　　　　　图 7-40　总叶片结冰质量

5. 总叶片结冰质量

总叶片结冰质量是在 30min 时模型全部叶片结冰质量，如图 7-40 所示。LWC 越高总叶片结冰质量越大。平均 $LWC=1.16g/m^3$ 时总叶片结冰质量为 150～260g，平均 $LWC=2.32g/m^3$ 时总叶片结冰质量为 330～570g 之间。两叶片模型随尖速比增大结冰总叶片质量先增大后减小。然而，三叶片模型总叶片结冰质量随尖速比增大而增大。在相同条件下，三叶片模型总叶片结冰质量高于两叶片模型。

6. 结冰率

为消除水流量的影响，定义了无量纲系数结冰率，即翼型结冰量与水流量之比，计算为

$$\varphi = \frac{M}{\dfrac{S_t}{S_f}Q} \times 100\% \qquad\qquad (7-18)$$

式中　S_t——小型直线翼垂直轴风力机模拟装置叶片扫过的投影面积；

　　　S_f——试验区段截面积；

　　　M——叶片结冰量；

　　　Q——水滴质量流量。

如图 7-41 所示，两叶片模型 LWC 情况下单叶片结冰率在同一尖速比下比较稳定，结冰率为 8.7%～10.2%。对于三叶片模型，LWC 越高，同一尖速比下的单叶片结冰率

越高。在相同条件下，两叶片模型单叶片结冰率高于三叶片模型单叶片结冰率。两叶片模型单叶片结冰率随尖速比的增加先增加后减少。三叶片模型单叶片结冰率随尖速比的增加而增加。

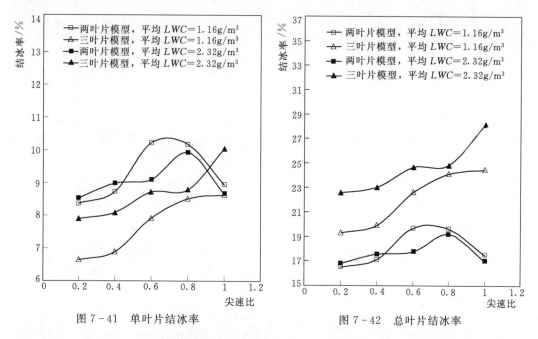

图 7 - 41　单叶片结冰率　　　　　　　　图 7 - 42　总叶片结冰率

　　如图 7 - 42 所示，两叶片模型 LWC 情况下总叶片结冰率在同一尖速比下比较稳定，结冰率为 16.7%～20.4%。然而，三叶片模型 LWC 越高，同一尖速比下的总叶片结冰率越高。平均 $LWC=1.16g/m^3$ 时三叶片模型总叶片结冰率为 19.9%～25.9%，平均 $LWC=2.32g/m^3$ 时三叶片模型总叶片结冰率在 23.7%～30.1%。在相同条件下，三叶片模型总叶片结冰率高于两叶片模型总叶片结冰率。两叶片模型总叶片结冰率随尖速比的增加先增加后减少。三叶片模型总叶片结冰率随尖速比的增加而增加。

7.3.2　结冰数值模拟计算研究

7.3.2.1　计算方法

　　将上一节中的结冰后的翼型进行数字化处理，输入到程序中进行计算。在本研究中，由于研究对象的雷诺数和马赫数较低，所以将空气看作不可压缩流体。因此，选择湍流模型 $k\text{-}\varepsilon$ 双方程模型，采用 SIMPLE 算法。计算方法与步骤与通用的风力机数值模拟计算一致。

　　本研究对结冰前后的叶片升阻力系数、风力机功率系数、力矩系数以及叶片周围流场等进行了数值模拟计算。

7.3.2.2　数值模拟结果

　　1. 升阻力系数

　　图 7 - 43 和图 7 - 44 给出了结冰叶片的升力和阻力系数的变化，可知随着时间的增加，结冰量越大的情况下，叶片的升力系数呈明显下降趋势，而阻力系数则明显增大。随着结冰量的增加，升力的改变有一定的波动性，但整体趋势一致。而阻力系数的减少量基

本上是随时间呈线性增加。由此可知，结冰后的叶片气动特性整体下降。

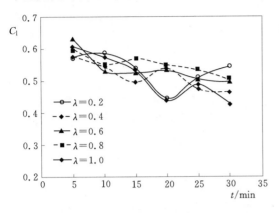

图 7-43　结冰后叶片升力系数

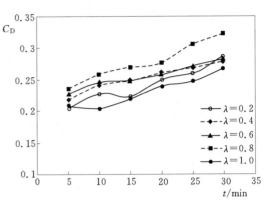

图 7-44　结冰后叶片阻力系数

2. 风力机功率系数

图 7-45 所示为结冰后风力机功率系数变化情况。

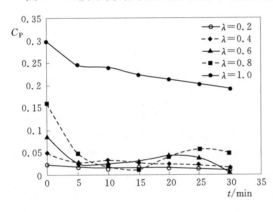

图 7-45　结冰后风力机功率系数

从图 7-45 可知，叶片结冰后风力机功率系数在各个尖速比下都不同程度地下降。由于尖速比在 0.2 时的风力机功率系数较小，所以结冰后的功率系数变化不大。当尖速比在 0.4～0.8 时，在前 5min 内随着结冰的出现，使得风力机功率系数迅速下降，然后随着结冰的增加，风力机的功率变化维持在一定的水平。而当在尖速比为 1.0 时，可以明显地看出风力机的功率系数随结冰量的增加而下降。结冰 30min 的试验模型与未结冰的试验模型相比较，功率系数下降了 37%。由此可知，叶片结冰后风力机将不能按照原来的设计输出功率，甚至要停机。

3. 风力机力矩系数

为了进一步分析叶片结冰对风力机气动特性影响的机理，计算了叶片结冰后风轮在旋转一周内的力矩系数变化，如图 7-46 所示。

由图 7-46 可知在未结冰时，风轮的力矩系数基本上都为正值，只有在攻角 α 为 110°～155°之间为负值。然而，叶片结冰后，风轮旋转一周内的负力矩范围明显增多，且随着时间的增加和结冰量的增大，负力矩的范围和程度均呈增大的趋势。结冰 30min 的风轮力矩系数的影响最大。

4. 风力机力叶片周围流场

为了进一步分析结冰对风力机叶片气动特性的影响机理，针对结冰 30min 叶片和无结冰叶片风力机，选取三个典型的方位角 0°、70°、120°，计算了结冰前后叶片周围的流场和压力场，如图 7-47～图 7-49 所示。

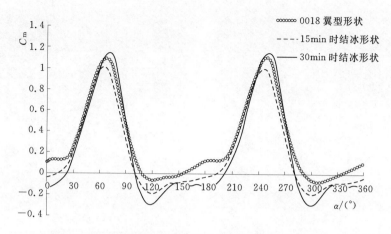

图 7-46　有无结冰风轮旋转一周内力矩变化（λ＝1.0）

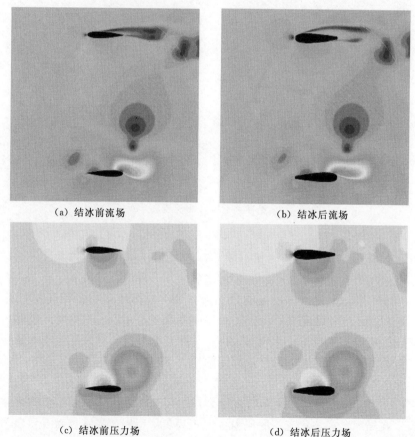

（a）结冰前流场　　　　　　　　　　（b）结冰后流场

（c）结冰前压力场　　　　　　　　　　（d）结冰后压力场

图 7-47　结冰前后叶片周围流场（α＝0°）

由图 7-47 可知，由于上面的叶片前缘结冰的存在导致前缘附近形状变化，使得背面出现了较大的速度分离，从而影响到整个叶片周围的流场。这一变化直接导致该叶片周围压力场的变化，较大的速度分离使得背面压力增大，腹面压力降低，从而导致升力下降，

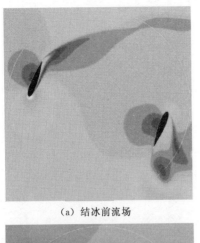

（a）结冰前流场

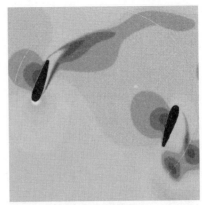

（b）结冰后流场

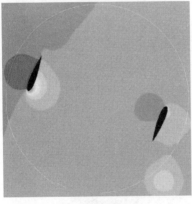

（c）结冰前压力场

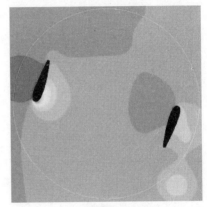

（d）结冰后压力场

图 7-48　结冰前后叶片周围流场（$\alpha=70°$）

阻力升高。而对于图 7-47 中下面叶片：由于尾缘在前，结冰对其产生的影响相对较小，在 180°时叶片的升阻力特性原本也相对较差，因此结冰对该叶片的影响程度相对较小。在这一状态下，风力机的整体气动特性较结冰前大幅下降。

　　由图 7-48 可知，无论是速度场还是压力场，叶片结冰前后的流场变化并不十分显著，这与风轮力矩的变化情况基本一致。主要的变化还是来自左上方叶片结冰所产生叶片周围流场变化。可以看到在该叶片腹面，由于结冰导致分离区增大，上下面的压力变化增大，影响了升力的发挥。而右下侧叶片周围的压力场也发生了一定的变化，因此从总体上影响了风力机的气动特性。

　　由图 7-49 可知，结冰导致左下方叶片背面的压力显著增大以及右上方叶片前缘附近的压力增大。在结冰时，该状态下的风力机力矩为负值，因此，结冰后导致负力矩进一步加大，使得风力机的气动特性进一步恶化。

　　通过结冰风洞试验结果表明，采用对称翼型的直线翼垂直轴风力机旋转叶片的结冰在尖速比较小时均匀分布在整个叶片表面，随着尖速比增大，冰层逐渐增厚，由于旋转效应使结冰出现一定的不对称性，在叶片尾缘外侧及前缘内侧的结冰不对性较明显。

　　计算结果表明，旋转叶片结冰后的升力系数降低，阻力系数增大，风轮功率系数下

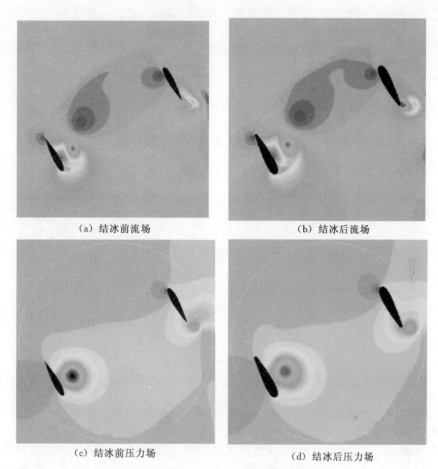

（a）结冰前流场　　　　　　　　　（b）结冰后流场

（c）结冰前压力场　　　　　　　　（d）结冰后压力场

图 7 - 49　结冰前后叶片周围流场（$\alpha = 120°$）

降，这种趋势随尖速比的增加和结冰量增多而更加显著。结冰后叶片翼型周围流场发生改变，其变化程度与风轮旋转角相关，这是导致结冰后的叶片气动特性变化与风力机性能降低的主要原因。

参 考 文 献

[1] 朱春玲，朱程香. 飞机结冰及其防护 ［M］. 北京：科学出版社，2016.

[2] 林桂平，卜雪琴，申晓斌，等. 飞机结冰与防冰技术 ［M］. 北京：北京航空航天大学出版社，2016.

[3] 蔡新，潘盼，朱杰，等. 风力发电机叶片 ［M］. 北京：中国水利水电出版社，2014.

[4] 宋学官，蔡林，张华. ANSYS 流固耦合分析与工程实例 ［M］. 北京：中国水利水电出版社，2012.

[5] 约翰 D. 安德森. 计算流体力学基础及其应用 ［M］. 吴颂平，刘赵淼，译. 北京：机械工业出版社，2007.

[6] 张国强，吴家鸣. 流体力学 ［M］. 北京：机械工业出版社，2005.

[7] 于勇. Fluent 入门与进阶 ［M］. 北京：北京理工大学出版社，2008.

[8] 吴双群，赵丹平. 风力机空气动力学 ［M］. 北京：北京大学出版社，2011.

[9] 吴双群，赵丹平. 风力发电原理 ［M］. 北京：北京大学出版社，2011.

[10] 赵毅山，程军. 流体力学 ［M］. 上海：同济大学出版社，2004.

[11] 易贤. 飞机积冰的数值计算与积冰试验相似准则研究 ［D］. 绵阳：中国空气动力研究与发展中心研究生部，2007.

[12] 李成良. 风机叶片结构分析与优化设计 ［D］. 武汉：武汉理工大学，2008.

[13] 樊炎星. 1.0MW 水平轴风力机叶片设计研究 ［D］. 重庆：重庆大学，2010.

[14] 周鹏展，曾竟成，肖加余，等. 大型水平轴风力机叶片应力特性分析 ［J］. 可再生能源，2009，27 (5)：6 - 9.

[15] 周鹏展，曾竟成，肖加余，等. 基于 Bladed 软件的大型风力机叶片气动分析 ［J］. 中南大学学报（自然科学版），2010，41 (5)：2022 - 2027.

[16] 王欣欣，高晓平. 基于 GH Bladed 的复合材料风机叶片工况疲劳载荷研究 ［J］. 天津纺织科技，2012 (2)：24 - 31.

[17] 许二涛. 10kW 小型风力机整体的流固耦合分析 ［D］. 湘潭：湘潭大学，2013.

[18] 周茜茜. MW 级风力机叶片气动特性及流固耦合特性研究 ［D］. 长春：吉林大学，2015.

[19] 邓艳波. 风力机翼型气动性能及流固耦合分析 ［D］. 湘潭：湘潭大学，2015.

[20] 何玉林，李俊，董明洪，等. 冰载对风力机性能影响的研究 ［J］. 太阳能学报，2012，33 (9)：1490 - 1496.

[21] Ping Fu, Masoud Farzaneh. A CFD approach for modeling the rime - ice accretion process on a horizontal - axis wind turbine ［J］. Journal of wind engineering and industrial aerodynamics，2010 (98)：181 - 188.

[22] Andrea G. Kraj, Eric L, Bibeau. Measurement method and results of ice adhesion force on the curved surface of a wind turbine blade ［J］. Renewable Energy，2010 (35)：741 - 746.

[23] Andrea G. Kraj, Eric L, Bibeau. Phases of icing on wind turbine blades characterized by ice accumulatin ［J］. Renewable Energy，2010 (35)：966 - 972.

[24] Matthew C. Homola, Muhammad S. Virk, Tomas Wallenius. Effect of atmospheric temperature and droplet size variation on ice accretion of wind turbine blades ［J］. Journal of wind engineering and in-

dustrial aerodynamics，2010（98）：724 - 729.

[25] Muhammad S. Virk，Matthew C. Homola，Per J. Nicklasson. Relation Between angle of attack and atmospheric ice accretion on large wind Turbine's blade [J]. Wind engineering，2010，34（6）：607 - 614.

[26] Yiqiang Han，Jose Palacios，Sven Schmitz. Scaled ice accretion experiments on a rotating wind tur- bine blade [J]. Journal of wind engineering and industrial aerodynamics，2012（109）：55 - 67.

[27] 应思斌，葛彤，艾剑良. 飞机结冰气动参数综合检测方法研究 [J]. 指挥控制与仿真，2012，34（5）：128 - 132.

[28] 禹迅. 风力发电机叶片结冰检测系统研究开发 [D]. 武汉：华中科技大学，2013.

[29] 刘胜先. 风力机桨叶覆冰状态监测理论与技术研究 [D]. 长沙：长沙理工大学，2013.

[30] 张洪，张文倩，郑英. 过冷大水滴结冰探测技术研究进展 [J]. 实验流体力学，2016，30（3）：33 - 39.

[31] 王起达，王同光. 机翼结冰探测技术进展 [J]. 航空制造技术，2009（3）：62 - 64.

[32] 高建树，郑大川，于之靖，等. 机翼铝蒙皮积冰及冰厚的近红外多光谱检测 [J]. 激光与红外，2014，44（4）：391 - 394.

[33] 王华，王以伦，张滨华. 基于磁致伸缩原理的结冰传感器设计理论 [J]. 电工技术学报，2003，18（6）：77 - 79.

[34] 戴卫中. 基于红外反射的旋翼结冰探测方法的研究 [D]. 武汉：华中科技大学，2008.

[35] 张佳鹏，曹桂芳，周晓旭，基于红外技术的路面结冰预警系统研究进展 [J]. 交通运输部管理干部学院学报，2015，25（3）：42 - 45.

[36] 黄琴. 基于图像处理的结冰传感器标定方法的研究 [D]. 武汉：华中科技大学，2007.

[37] 刑科新. 基于图像处理的结冰传感器标定方法研究 [D]. 武汉：华中科技大学，2006.

[38] 王华. 基于振动原理的结冰探测技术研究 [D]. 哈尔滨：哈尔滨工程大学，2003.

[39] 杨蓉，张杰，郑英，等. 结冰探测技术研究 [C]//第 20 届测控、计量、仪器仪表学术年会论文集. 西安：中国电子学会，2010：8 - 25.

[40] 尹胜生，叶林，陈斌，等. 可识别冰型的光纤结冰传感器 [J]. 仪器技术与传感器，2012（5）：9 - 12.

[41] 张洪，刑科新，张杰，等. 平膜压电谐振式结冰传感器信号检测方法 [J]. 仪器技术与传感器，2006（4）：6 - 8.

[42] 易贤，赵萍，陈坤，等. 水平轴风力机结冰探测器设计 [J]. 空气动力学学报，2013，31（2）：260 - 265.

[43] 周志宏，易贤，陈坤，等. 水平轴风力机结冰探测研究 [C]//第十一届全国风能应用技术年会暨"十二五"风能 973 专题研讨会. 林芝：中国空气动力学会风能空气动力专业委员会，2014：8 - 13.

[44] 汪彦君. 旋翼结冰数字相关检测系统设计 [J]. 计量与测试技术，2011，38（1）：73 - 76.

[45] 郑燕，郑英，张杰，等. 压电谐振式结冰传感器的结冰试验和数据处理 [J]. 计量与测试技术，2011，38（2）：1 - 3.

[46] 王颖. 压电谐振式结冰传感器数学模型研究 [D]. 武汉：华中科技大学，2006.

[47] 李录平，谭海辉，卢绪祥，等. 层状结构中的超声波传播理论及其在风力机桨叶除冰中的应用 [J]. 中国电机工程学报，2012，32（17）：125 - 132.

[48] 维斯塔斯风力系统集团公司. 对风力涡轮机叶片进行除冰的方法：中国，CN 1041699576 A [P]. 2014 - 11 - 26.

[49] 马蕾，王贤明，宁亮. 飞机防冰涂料的研究进展 [J]. 中国涂料，2014，29（1）：11 - 14.

[50] 王伟，候学杰，管晓颖，等. 风电叶片除冰技术的研究进展 [J]. 玻璃钢/复合材料，2014（1）：

90 - 93.

[51] 朱程香，付斌，孙志国，等．风力机防冰热载荷计算 [J]．南京航空航天大学学报，2011，43 (5)：701 - 706.

[52] 谭海辉．风力机桨叶超声波防除冰理论与技术研究 [D]．长沙：长沙理工大学，2011.

[53] 汪根胜，石阳春，蒋立波，等．风力机叶片防除冰技术研究现状 [J]．装备环境工程，2016，13 (2)：103 - 109.

[54] 倪爱清，王延明，王继辉，等．基于高分子电热膜的风电叶片电热除冰功率密度计算模型 [J]．玻璃钢/复合材料，2015 (9)：17 - 23.

[55] 牟书香，吴芮，陈淳，等．基于高分子电热膜的风电叶片复合材料试验件电热除冰性能研究 [J]．玻璃钢/复合材料，2014 (6)：57 - 61.

[56] 杜丽，袁勇，张凯，等．基于微波物理热效应的高压电线除冰装置方案设计 [J]．科技视界，2014 (2)：30.

[57] 姚赛金．基于压电驱动器的机翼除冰方法研究 [D]．南京：南京航空航天大学，2010.

[58] 刘刚，赵学增，姜世金，等．架空电力线路防冰除冰技术国内外研究综述 [J]．电力学报，2014，29 (4)：335 - 342.

[59] 王升，艾涛，高海军，等．路面微波除冰机理分析 [J]．交通标准化，2014，42 (8)：15 - 17.

[60] 白天，朱春玲，苗波，等．平面铝板上的电压振动除冰方法 [J]．航空学报，2015，36 (5)：1564 - 1573.

[61] 株洲时代新材料科技股份有限公司．一种大功率风力发电机叶片模块化气热抗冰：中国，CN 204041342 U [P]．2014 - 12 - 24.

[62] 国电联合动力技术有限公司．一种具有防冰及除冰能力的风轮叶片：中国，CN 102748243 B [P]．2016 - 08 - 03.

[63] 苗波，朱春玲，朱程香，等．翼型曲面的压电振动除冰方法研究 [J]．实验流体力学，2016，30 (2)：46 - 53.

[64] 蒋兴良，肖代波，孙才新，等．憎水性涂料在输电线路防冰中的应用前景 [J]．南方电网技术，2008，2 (2)：13 - 18.

[65] 森维安有限责任公司．转子叶片除冰：中国，CN 105683566 A [P]．2016 - 06 - 15.

[66] 孙志国．飞机结冰数值计算与冰风洞部件设计研究 [D]．南京：南京航空航天大学，2012.

[67] 卢方．风机叶片覆冰检测与防冰除冰试验研究 [D]．长沙：湖南大学，2014.

[68] 杨芳．风力发电机叶片覆冰的仿真分析及试验验证 [D]．重庆：重庆大学，2015.

[69] 蒋传鸿．风力机结冰翼型的气动性能分析及优化设计 [D]．重庆：重庆大学，2014.

[70] 王健．风力机叶片气动载荷分析 [D]．南京：南京航空航天大学，2012.

[71] 闫菁菁．风力机翼型结冰及其气动性能的数值模拟研究 [D]．北京：华北电力大学，2014.

[72] 任鹏飞．结冰风力机叶片的空气动力学特性数值研究 [D]．北京：中国科学院工程热物理研究所，2014.

[73] 邓晓湖．水平轴风力机桨叶覆冰的数值模拟 [D]．长沙：长沙理工大学，2011.

[74] 贾明，张大林，等．冰风洞试验研究 [J]．江苏航空，2008 (增刊)：70 - 73.

[75] 王宗衍．冰风洞与结冰动力学 [J]．制冷学报，1999 (4)：15 - 16.

[76] 李明，陈洪，李军．0.3 米×0.2 米结冰风洞建设与试验研究 [C]//大型飞机关键技术高层论坛暨中国航空学会 2007 年学术年会论文集．深圳：中国航空学会 2007：9.

[77] 刘政崇，彭强，肖斌，等．3m×2m 结冰风洞设计总体初步方案 [C]//大型飞机关键技术高层论坛暨中国航空学会 2007 年学术年会论文集．深圳：中国航空学会，2007：9.

[78] 邢玉明，盛强，常士楠．大型开式冰风洞的模拟技术研究 [C]//大型飞机关键技术高层论坛暨中国航空学会 2007 年学术年会论文集．深圳：中国航空学会，2007：9.

[79] 张雪苹. 飞机结冰适航审定与冰风洞试验方法 [D]. 南京：南京航空航天大学，2010.

[80] 杨越明，刘学伟，王铎，等. 风洞结冰模拟装置的研发 [J]. 工程与试验，2012，52（1）：55-57.

[81] 东乔天，金哲岩，杨志刚. 风力机结冰问题研究综述 [J]. 机械设计与制造，2014（10）：269-272.

[82] 姚惠元. 基于 labVIEW 与 OPC 的冰风洞主控系统设计 [C]//中国空气动力学会测控技术专委会第六届四次学术交流会论文集. 襄阳：中国空气动力学会，2013.

[83] 朱春玲，李宇钦，张泉. 基于旋转多圆柱的冰风洞水滴参数分析方法 [J]. 航空动力学报，2007，22（2）：180-186.

[84] 黄坤，胡泊. 结冰风洞与飞机防护新技术 [J]. 解放军报，2005.

[85] 王宗衍. 美国冰风洞概况 [J]. 航空科学技术，1997（3）：45-47.

[86] 冯立静，张国友，许国山，等. 某结冰风洞有限元分析 [J]. 低温建筑技术，2016（6）：52-54.

[87] 陈晶霞. 旋转多圆柱测量仪冰风洞试验研究 [D]. 南京：南京航空航天大学，2008.

[88] 孟繁鑫，陈维建，梁青森，等. 引射式结冰风洞内圆柱结冰试验 [J]. 航空动力学报，2013，28（7）：1467-1474.

[89] 易贤，王开春，马洪林，等. 大型风力机结冰过程水滴收集率三维计算 [J]. 空气动力学报，2013，31（6）：745-751.

[90] 易贤，朱国林，王开春，等. 结冰风洞试验水滴直径选取办法 [J]. 航空学报，2010，31（5）：877-882.

[91] 郑远民. 中国能源安全的国际长期合同问题 [C]//2007 年中国能源与安全问题研究法律与政策分析国际会议. 武汉：武汉大学，2007：6-9.

[92] 张丹玲. 中国可再生能源发展的政策激励研究 [D]. 西安：西北大学，2008.

[93] 张富荣. 冷表面结霜机理及空气源热泵在我国的结霜区域研究 [D]. 北京：北京工业大学，2009.

[94] 李新宇. 风能资源评估方法讨论与风电场选址评价 [D]. 兰州：兰州理工大学，2013.

[95] 易贤，桂业伟，肖春华，等. 结冰风洞液态水含量测量方法研究 [J]. 科技导报，2009，27（21）：86-90.

[96] 黄抒宇. 数值模拟机翼积冰及其气动特性分析 [D]. 南京：南京航空航天大学，2013.

[97] 易贤，桂业伟，杜雁霞，等. 结冰风洞水滴直径标定方法研究 [J]. 实验流体力学，2010，24（5）：36-41.

[98] 李岩，田川公太郎. 叶片附着物对直线翼垂直轴风力机性能影响的风洞试验 [J]. 动力工程，2009，29（3）：292-296.

[99] 张丽芬，刘振侠，胡剑平. 机翼三维结冰数值模拟 [J]. 航空计算技术，2013，43（1）：36-39.

[100] 姚若鹏. 翼型的结冰数值模拟及相关控制研究 [D]. 南京：南京航空航天大学，2012.

[101] 杨胜华，林贵平. 霜冰生长过程的数值模拟 [J]. 计算机工程与设计，2010，31（1）：191-194.

[102] 闵现花. 结冰条件下过冷水滴撞击特性及热平衡分析 [D]. 上海：上海交通大学，2010.

[103] 何舟东. 典型冰形结冰机理的数值模拟与试验研究 [D]. 南京：南京航空航天大学，2009.

[104] 赵秋月. 航空发动机进口支板及整流帽罩水滴撞击特性的计算分析 [D]. 上海：上海交通大学，2010.

[105] 刘春生，刘沛清，赵岳鹏. 过冷水滴撞击螺旋桨桨叶表面的数值模拟 [C]//2008 年中国计算力学大会暨第七届南方计算力学学术会议. 宜昌：中国力学学会，2008：7-28.

[106] 何治，常士楠，袁修干. 悬停状态下直升机旋翼水滴撞击特性研究 [J]. 北京航空航天大学学报，2003，29（11）：1055-1058.

[107] 邹小玲. 直升机旋翼防除冰设计与分析 [J]. 直升机技术，2003 (3)：39 - 46.

[108] 王治国，娄德仓，郭文. 发动机旋转表面水滴撞击特性数值研究 [J]. 燃气涡轮试验与研究，2013，26 (1)：35 - 39.

[109] 杨倩，常士楠，袁修干. 水滴撞击特性的数值计算方法研究 [J]. 航空学报，2002，23 (2)：35 - 39.

[110] 王燕，郝英立. 机翼表面结冰数值模拟 [J]. 东南大学学报（自然科学版），2009，39 (5)：956 - 960.

[111] 沈城. 结冰探测器水滴捕获特性的仿真研究 [D]. 武汉：华中科技大学，2010.

[112] 杨胜华. 飞机电热防除冰计算概述 [J]. 科技信息，2012 (2)：447 - 449.

[113] 易贤，朱国林，桂业伟. 一种改进的积冰试验相似准则及其评估 [J]. 实验流体力学，2008，22 (2)：84 - 87.

[114] 周志宏，易贤，桂业伟，等. 水滴撞击特性的高效计算方法 [J]. 空气动力学报，2014，32 (5)：712 - 716.

[115] 周峰，张淼，黄炜. 二元翼型水滴收集率计算研究 [J]. 民用飞机设计与研究，2008 (2)：15 - 18.

[116] 易贤，朱国林，王开春，等. 翼型积冰的数值模拟 [J]. 民用飞机设计与研究，2002，20 (4)：428 - 433.

[117] 朱国林，易贤. 考虑传质传热效应的翼型积冰计算 [C]//第四届海峡两岸计算流体力学学术研讨会. 昆明：中国空气动力学会，2003：8 - 21.

[118] 杨福忠. 基于 Matlab 的风力机叶片表面结冰过程的研究 [D]. 哈尔滨：东北农业大学，2014.

[119] 李强. 基于高速摄像的风力机叶片结冰实验研究 [D]. 哈尔滨：东北农业大学，2014.

[120] 王博，祁文军，孙文磊，等. 风力发电机叶片气动性能数值模拟 [J]. 机床与液压，2013 (7)：166 - 171.

[121] 刘雄，陈严，马昊，等. 风力机气动与结构 CAD 软件 [J]. 太阳能学报，2001，22 (3)：346 - 350.

[122] 易贤，朱国林，桂业伟. 结冰风洞高度模拟能力评估 [J]. 科技导报，2009 (3)：65 - 68.

[123] 高夫燕. 高温多相流风洞设计及基于组态软件平台的热工监控系统的研制 [D]. 杭州：浙江大学，2005.

[124] 荣娇凤. 移动式风蚀风洞研制与应用 [D]. 北京：中国农业大学，2004.

[125] 吴嘉. 流速测量方法综述及仪器的最新进展 [J]. 计测技术，2009 (6)：1 - 4.

[126] 熊建军，马军，王辉. 基于立式风洞的低风速控制与测量应用研究 [C]//2013 航空试验测试技术学术交流会. 北京：中国航空学会，2013：10 - 1.

[127] 陈智，郭旺，宣传忠，等. 热膜式无线风速廓线仪 [J]. 农业机械学报，2012，43 (9)：99 - 102.

[128] 王海军. 真实黏度流变仪收缩流道速度场的 PIV 实验研究及分析 [D]. 北京：北京化工大学，2011.

[129] 卢强. PIV 水流量实验装置的研究、设计与应用 [D]. 天津：天津大学，2013.

[130] 阮驰，孙传东，白永林，等. 水流场 PIV 流场显示与分析系统实验研究 [C]//第五届全国夜视技术交流会暨 2005 年全国瞬态光学与光电子技术交流会. 西双版纳：中国光学学会，2005：10 - 1.

[131] 战培国. 结冰风洞研究综述 [J]. 实验流体力学，2007，21 (3)：92 - 96.

[132] 李岩，王绍龙，郑玉芳，等. 利用自然低温的风力机结冰风洞实验系统设计 [J]. 实验流体力学，2016，30 (2)：54 - 58.

[133] 黄福贵，陶杨，刘明，等. 机翼表面明冰形成过程数学模型 [J]. 直升机技术，2014 (4)：

19－23.

[134] 易贤，王开春，桂业伟，等．结冰面水滴收集率欧拉计算方法研究及应用 [J]．空气动力学学报，2010，28 (5)：596－601.

[135] 闵现花，董葳，朱剑鋆．水滴撞击特性的重力影响分析 [J]．燃气涡轮试验与研究，2010 (3)：42－45.

[136] 易贤，朱国林，刘志涛，等．积冰问题的数值预测和积冰试验相似准则 [C]//第二届中国航空学会青年科技论坛．洛阳：中国航空学会，2006：5－1.

[137] 陈进，蒋传鸿，谢翌，等．典型霜冰条件下的风力机翼型优化设计 [J]．机械工程学报，2014，50 (7)：154－160.

[138] 王绍龙．基于超声波法的风力机叶片翼型防冰研究 [D]．哈尔滨：东北农业大学，2014.

[139] 田琳琳，赵宁，钟伟．三维陡陡坡上风力机的流场模拟 [C]//第七届全国风能应用技术年会暨青海省等高原地区风能开发利用研讨会．西宁：中国可再生能源学会，2010：8－1.

[140] 刘煜炜．微型风力机风轮结构设计及仿真分析 [D]．西安：西安理工大学，2014.

[141] 冯国英．离网型风力机发电机运行特性的研究 [D]．呼和浩特：内蒙古工业大学，2007.

[142] 张维智，王卫华．大型水平轴风力机风轮利用效率的估算探讨 [C]//第六届全国风能技术应用年会．银川：中国空气动力学会，2009：8－1.

[143] 梁显．水平轴风力机非定常气动特性与结构动态分析 [D]．汕头：汕头大学，2012.

[144] 方军．水平轴大型风力机翼型非定常气动特性分析 [D]．广州：广东工业大学，2010.

[145] 王旭东．风力机翼型通用型线理论及叶片形状优化研究 [D]．重庆：重庆大学，2009.

[146] 张钊．大型水平轴风力机叶片气动优化设计及气动载荷分析 [D]．兰州：兰州理工大学，2009.

[147] 尹左明，康顺．水平轴风力机叶片设计模型的分析及验证 [C]//华北电力大学第五届研究生学术交流年会．北京：华北电力大学，2007：12－24.

[148] 宋显成．大型水平轴风力机风轮气动性能计算与优化设计 [D]．兰州：兰州理工大学，2010.

[149] 吕小静．大型水平轴风力机风轮气动性能计算与优化设计 [D]．兰州：兰州理工大学，2010.

[150] 王怀磊．水平轴风力机叶片有限元建模及仿真 [D]．南京：南京航空航天大学，2010.

[151] 李钢强．水平轴风力机结构动力响应分析 [D]．汕头：汕头大学，2010.

[152] 李娟，刘江波，冯红岩．偏航角度对风力发电机组载荷的影响研究 [J]．节能，2011 (2)：49－52.

[153] 邵金华，何玉林，金鑫，等．风力机系统的动力学性能分析 [J]．机械制造，2007 (8)：28－30.

[154] 金鑫，杜静，何玉林，等．仿真技术在风力机总体性能分析中的应用 [J]．系统仿真学报，2007，19 (12)：2823－2826.

[155] 李俊．大型风电机组整机及关键部件仿真分析与优化设计研究 [D]．重庆：重庆大学，2011.

[156] 马欣欣．风力机叶片载荷分析及性能仿真研究 [D]．重庆：重庆大学，2009.

[157] 李彦蓉．风力发电机叶片结构有限元分析 [D]．北京：华北电力大学，2011.

[158] 潘旭．MW级风力发电机风轮叶片流固耦合场强度分析 [D]．郑州：郑州大学，2011.

[159] 高庆坤．振动法测冰技术的研究及应用 [D]．哈尔滨：哈尔滨工程大学，2005.

[160] 欧彦，蒲翔，周旭驰，等．路面结冰监测技术研究进展 [J]．公路，2013 (4)：191－196.

[161] 中船重工（重庆）海装风电设备有限公司．一种用于探测风力发电机叶片是否结冰的装置：中国，CN 203161453 U [P]．2013－03－29.

[162] 东北农业大学．风力机叶片结冰检测与除冰作业组合机构：中国，CN 203452982 U [P]．2013－08－01.

[163] 易辉，查宜萍，何慧雯．防覆冰涂覆材料的应用分析与研究 [J]．电力设备，2008 (6)：16－19.

[164] 周玉洁. 热气腔结构的优化设计与数值模拟 [D]. 南京：南京航空航天大学，2010.

[165] 长沙理工大学. 一种具有除冰防冻功能的碳纤维增强风力机叶片：中国，CN 203035466 U [P]. 2013 - 01 - 24.

[166] 基德凯米公司. 用感应或辐射对如风轮机叶片、飞机翼总体结构表面除冰：中国，CN 104507809 U [P]. 2015 - 04 - 08.

[167] 天津东汽风电叶片工程有限公司. 一种具有除冰防冰功能的风力发电机叶片前缘保护层：中国，CN 10003393 A [P]. 2015 - 06 - 29.

[168] 重庆大学. 大型风力发电机叶片除冰方法：中国，CN 102003353 U [P]. 2010 - 12 - 10.

[169] 锋电能源技术有限公司. 一种风力发电机组风轮叶片除冰装置：中国，CN 204386811 U [P]. 2015 - 06 - 10.

[170] 北京金风科创风电设备有限公司. 风力机发电机叶片、风力发电机以及叶片除冰：中国，CN 103437949 U [P]. 2016 - 05 - 11.

[171] 三一电气有限责任公司. 一种风力发电机组及其叶片除冰系统：中国，CN 101886617 U [P]. 2012 - 05 - 30.

[172] 内蒙古航天亿久科技发展有限责任公司. 一种大型风机叶片除冰系统及其方法：中国，CN 102562479 A [P]. 2011 - 11 - 23.

[173] 无锡风电设计研究院有限公司. 风力发电机组风轮叶片超声波除冰装置：中国，CN 202900547 A [P]. 2013 - 04 - 24.

[174] 南京风电科技有限公司. 一种风力机叶片覆冰微波加热去除装置：中国，CN 203114534 U [P]. 2013 - 08 - 07.

[175] 江苏红光仪表厂有限公司. 风力发电叶片气热除冰抗霜装置：中国，CN 104265580 A [P]. 2015 - 01 - 07.

[176] 李岩. 垂直轴风力机技术讲座（四）升力型垂直轴风力机相关理论 [J]. 可再生能源，2009，27 (4)：121 - 123.

[177] 李声茂. 结冰对直线翼垂直轴风力机气动特性影响研究 [D]. 哈尔滨：东北农业大学，2011.

[178] 李岩. 垂直轴风力机技术讲座（一）垂直轴风力机及其发展概况 [J]. 可再生能源，2009，27 (1)：121 - 123.

[179] 李岩. 垂直轴风力机技术讲座（三）升力型垂直轴风力机 [J]. 可再生能源，2009，27 (3)：120 - 122.

[180] 丁国奇. 具有圆台型聚风装置的垂直轴风力机实验研究 [D]. 哈尔滨：东北农业大学，2014.

[181] 和庆斌. 双层可伸缩式垂直轴风力机结构及气动特性计算研究 [D]. 哈尔滨：东北农业大学，2015.

[182] 赵闻. 垂直轴风力机发电监测系统设计 [D]. 济南：山东大学，2011.

[183] 田文强. 主要结构参数对直线翼垂直轴风力机性能研究 [D]. 哈尔滨：东北农业大学，2013.

[184] 王喆，李岩. 参数对小型垂直轴风力机输出功率的影响 [J]. 科技创业家，2013 (19)：130 - 131.

[185] 许明伟. 自适应阻升转换垂直轴风力机及其动态特性的研究 [D]. 哈尔滨：哈尔滨工业大学，2013.

[186] 李岩，田川公太郎. 基于烟线法的直线翼垂直轴风力机静态流场可视化试验 [J]. 科技创业家，2013 (19)：130 - 131.

[187] 李岩，李强，冯放，等. 采用 NACA7715 翼型的风力机叶片结冰风洞试验 [C]//第九届全国风能应用技术年会. 哈尔滨：中国空气动力学会，2012：8 - 1.

[188] 李岩，迟媛，冯放，等. 垂直轴风力机叶片表面结冰的风洞试验 [J]. 工程热物理学报，2012，33 (11)：1872 - 1875.

[189] 刘钦东，李岩，王绍龙，等 . 攻角对 NACA0018 翼型明冰分布影响的风洞结冰试验研究 [J].
中国科技论文，2015，10（23）：2716 - 2719.

[190] 杨柏松，李岩，冯放，等 . 直线翼垂直轴风力机静态叶片结冰的观测与分析 [J]. 可再生能源，
2009，27（6）：20 - 23.

[191] 李岩 . 垂直轴风力机技术讲座（五）垂直轴风力机设计与实验 [J]. 可再生能源，2009，27
（5）：120 - 122.